扫码看视频·种花新手系列

多肉初学者手册

第 2 版

SUCCULENT
A BEGINNER'S GUIDE

吴晓云　程建军　王　鹏　著

中国农业出版社
北　京

目录 CONTENTS

PART 1

多肉是什么样的植物

多肉概述

多肉植物（succulents）又称多浆植物，其根、茎、叶特化为储水器官，以适应干旱的环境，这些环境包括沙漠、高山和海滨等。多肉植物涵盖50个科约330个属约15 000种。从园艺学的角度看，多肉植物涵盖了草本、木本及一、二年生的耐旱植物，但并不是所有的耐旱植物都是多肉植物，除了具有特化的储水器官外，还要具备以下3个特征：

特殊的生长环境

生长于荒漠干燥地区，如沙漠、高山、海滨等。这些地区由于降雨较少或季风强烈造成环境干燥。也有生长于土壤不易保留的岩石区，易造成植物生理性干燥。

特殊的光合反应

大多数植物是在白天打开气孔吸收CO_2，释放O_2。然而，多肉植物所生长的环境一般白天温度高，湿度低，为避免水分散失，而关闭气孔；当夜间温度降低、湿度较高时，再将气孔打开，吸收CO_2储存成有机酸。第二天白天再以有机酸作为碳源进行光合作用，形成植物生长所需的养分。这种特殊的光合反应称为景天酸代谢（crassulacean acid metabolism, CAM）。

特殊的生理反应

多肉植物一般还具有休眠的特性，以适应特殊的环境气候。休眠可以帮助多肉植物度过不良环境和季节。在休眠时，多肉植物通常会伴随落叶，叶片抱合，生长迟缓或几乎停止。

多肉的起源

仙人掌类植物的起源晚于白垩纪时期，大约6 500万年前（白垩纪后期），非洲板块和南美洲板块发生分离，两大陆物种开始独立演化。南大西洋扩张成大洋，形成新纵谷，马达加斯加岛从非洲分离，北大西洋纵谷渐往东北伸展。地中海雏形已可分辨，澳洲紧靠南极洲。科学家们通过其地理分布及DNA的研究发现，一部分多肉植物早在大陆漂移前就已形成。

大约23 000年前，人类通过巴拿马地峡迁移至南美洲，发现了仙人掌类植物。仙人掌类植物作为食物和纤维的来源，仙人掌植物也被用于各种宗教仪式。世界上最早的多肉植物雕刻约出现于公元前1 500年，在埃及北部卡纳克地区的埃及法老图特摩斯（Thutmosis）三世神庙祭祀室的墙壁上，记载了约275种植物，其中发现了拉丁名为*Kalanchoe citrine*的景天科伽蓝菜属植物浮雕，这可能是景天科植物引种并作为观赏植物的最早记载。我国栽培仙人掌已有悠久的历史，清代李调元的一首咏《仙人掌》诗云："应是巨灵仙，遗得拓山手，捧出太华莲，长献西王母。"是对仙人掌的赞誉。

3 500 ~ 4 000年前，南美洲的农业活动出现、发展，人们曾使用仙人掌科植物*Neoraimondia arequipensis*的长刺制作鱼钩，使用龙舌兰科万年兰属（*Furcraea*）植物叶片的纤维制作钓鱼线。人类食用仙人掌类植物的历史超过9 000年。在秘鲁安第斯山地区中部海拔4 200米的地区，人们发现了距今约11 800年之久的仙人掌类植物种子。在墨西哥和秘鲁，人们从一些超过9 000年前的粪便遗迹中发现了仙人掌亚科植物的种子。现在人们的餐桌上也可以发现仙人掌类植物的身影，比如芦荟、石莲花、瓦松、马齿苋等。值得提醒大家的是，有些多肉是有毒性的，譬如大戟科的多肉植物大多数有毒，食用之前一定要查一下资料。

多肉带你玩穿越

食用仙人掌

秘鲁的苹果仙人掌（*Cereusrepandus*），稍加关注就可以长到令人惊叹的高度，并为您的景观增添独特风景。它的果实还可以食用。

多肉的分布

多肉植物遍布除南北极大陆以外的世界各地，但以非洲和美洲较多，尤以非洲最为集中。非洲的多肉植物主要集中在三个区域，分别为南非和纳米比亚，加那利群岛和马德拉群岛，以及马达加斯加岛和东非的索马里、埃塞俄比亚。美洲大陆不仅是仙人掌的故乡，也是许多重要的多肉植物原产地。分布较集中的区域包括墨西哥和美国西南部、中美洲及西印度群岛、美洲热带雨林等。

其他各大洲虽然也都有多肉植物分布，但在栽培上比较受重视的是原产欧洲的景天科长生草属植物。有的多肉植物虽分布广泛，但很少栽培，如景天科景天属的种类，在我国西藏和朝鲜、日本均有广泛分布，但很少栽培。瓦松属的种类在我国不少地区有分布，但栽培上通常只重视该属的园艺杂交种。

生石花

生石花属是番杏科里的一个大属，它生于南非荒漠，全年大部分时间都在承受着烈日和风沙的考验，当雨季来临时绚烂绽放。

蛛丝卷绢

　　原产欧洲西南部，是景天科长生草属多肉植物，叶尖的白色丝线会相互缠绕，看起来就像织满了蛛丝的网，易群生。

子持莲华

　　原产日本，瓦松属较知名的品种，是一款呈莲座状的迷你多肉植物。

多肉的分类

根据休眠情况分类	冬型种	指在夏季休眠，而在秋、冬、春生长的多肉植物。主要包括：景天科、芦荟科、菊科、胡椒科、番杏科、酢浆草科、荨麻科、部分夹竹桃科、部分马齿苋科、部分龙舌兰科等植物
	夏型种	指在冬季休眠，而在春、夏、秋生长的多肉植物。主要包括：仙人掌科、大戟科、刺戟木科、桑科、风信子科、石蒜科、苦苣苔科、龙舌兰科、部分夹竹桃科、部分景天科、部分芦荟科等植物
	春秋型种	指最佳生长季节是春季和秋季的多肉植物。夏季生长迟缓，但休眠不很明显或休眠期较短，冬季如能维持较高温度也能生长，但其耐寒性较差。主要包括：番杏科中一些肉质化程度不高的草本或亚灌木、景天科的大多数种类、百合科的十二卷属、萝藦科的大部分种类、马齿苋科回欢草属的大叶种
根据观赏部位分类	观叶多肉	指叶片肥大特化为贮存水分和养分器官的多肉植物。代表科有景天科、番杏科、芦荟科、龙舌兰科、菊科、胡椒科、鸭跖草科和马齿苋科等
	观茎多肉	即茎肥大特化为贮存水分和养分器官的多肉植物。代表科有仙人掌科、夹竹桃科、大戟科、菊科、刺戟木科等
	观根颈多肉	即以下胚轴肥大特化为贮存水分和养分器官的多肉植物。代表科有风信子科、葫芦科、薯蓣科、萝藦科、石蒜科、旋花科、漆树科和苦苣苔科等

花月夜

夏型种，观叶多肉，景天科石莲花属的多肉植物，叶片肥厚呈匙形，叶尖处有着鲜艳的红色，整个株形呈莲花状。

勇凤柱

　　夏型种，观茎多肉，大型柱状仙人掌植物。

龟甲龙

　　夏型种，根颈膨大，表面有近似六边形的木栓质树皮，非常吸引眼球，是典型的观根颈多肉。

9

专业术语

属 指具有广泛特征的，含有一个种或多个种的一组植物，如景天属、石莲花属等。

种 可在种间进行繁殖，并能产生相似后代的一组植物被称为种。

亚种、变种与变型 为自然出现的种的变异，其划分比种更细，在结构或形态上略有不同。

杂交种 如果将同属中的不同种在一起培育，它们可能会杂交，很容易出现双方亲本共有的混合特征。这种方法是被园艺工作者开发出来的，他们希望将两个截然不同的植物有价值的特征结合在一起，如景天科石莲花属杂交种黛比。

品种 利用原种经人工选择或培育所产生的群体叫作品种。

单生 指植株茎干单独生长，不产生分枝和不生子球的植物，如景天科石莲花属晚霞。

群生 指许多密集的新枝或子球生长在一起。

气生根 由地上部茎所长出的根。

块根 由侧根或不定根增粗形成，多数呈块状或纺锤状的一种变态根，如断崖女王。

出锦 即斑锦变异，是指植物体的茎、叶甚至子房等部位发生颜色上的改变，如红、黄、橙、紫、白等。多肉斑锦变异的数目和类型在植物界中首屈一指，这是和其特殊的生理生化特点密切相关的，人们常在原种名称的后面加上"锦"字，如新花月锦。

缀化 又称带化、鸡冠状变异，由于植株顶部的生长锥不断分生，形成许多生长点，并且横向发展连续成一条线，使原先的圆球形或筒形的球体，长成扁平扇状体、鸡冠形或扭曲成波浪形、螺旋状的畸形植株，如东云缀化（虎鲸）。

石化 又称岩石状或山峦状畸形变异。主要是由于植株所有芽上的生长锥都不规则分生和增殖，促使植株的棱肋错乱，长成参差不齐的岩石状。

莲座 指紧贴地面的短茎上，辐射状丛生多叶的生长形态，叶片排列的方式像莲花，如景天科石莲花属白凤。

徒长 指茎叶疯狂伸长的现象，失去多肉植物原本矮壮的造型，主要是因为缺少日照，光线过暗，浇水又相对较多。

老桩 指种植多年，枝干明显的多肉，通常这类多肉都极具观赏性。

叶插 指用多肉叶片作插条的繁殖方法。

茎插 指将多肉枝条作插条的繁殖方法。

砍头 指将多肉顶部枝条或植株用于茎插的繁殖方法。

爆盆 当多肉生长旺盛，侧枝长大后，会长满整个花盆，这种生长密集的状态称为爆盆。

窗 指叶片前端透明的部分。透明面较大称大窗，透明面几乎占满叶片称全窗。此外，不同品种有不同纹路，其奇妙花纹与透明质感是观赏的重点。

休眠 通常指生长和代谢暂时停顿的现象，是植物抵御不良自然环境的一种自身保护性的生物学特征，包括生理休眠和强迫休眠。

闷养 这是一种低温季节的养护方式，通常针对玉露寿、十二卷等喜湿品种，在植株上扣一个大于植株直径的塑料罩子，或覆膜、套袋等，这样可以为多肉制造一个小温室，增加其温度，让多肉变得水灵。

PART 2

多肉养护攻略

栽培基质的选择

用什么基质来栽培多肉植物最好呢？这是初学者常问的问题。但这个问题没有固定答案，因为栽培基质受植物种类、苗龄大小、栽培环境、容器种类等因素影响。

影响配制基质的因素

植物种类

多肉植物种类繁多，对栽培基质的要求也不尽相同。一般来说，景天科多肉植物大部分为须根系植物，配制基质时应减少颗粒土，适当增加泥炭、椰糠等，以促进细根和毛根的生长。百合科十二卷属、芦荟科及龙舌兰科植物多具有肥大的根系，配制时可以适当增加赤玉土、轻石等颗粒土，以增加透气性。

苗龄

一般苗龄小的幼苗根系不发达，且自身贮存水分与养分的能力弱，需要从基质中吸收水分与养分的要求就高，所以基质的颗粒要细（一般3毫米以下），保水性要好，否则会影响其营养的吸收及根系的发育。相反，苗龄大的多肉植物其贮存器官发达，对基质的透气性要求高，所以其基质中需要较多的大颗粒土（3～5毫米）。一些多年生的老桩甚至可以在碎石中生长。

栽培环境

温度、湿度、光照及通风等环境因素也会影响栽培基质的配制。如室外环境下，光照充足，通风好，昼夜温度、湿度变化大，配制栽培基质时应注意保水；而室内环境下，光照条件、通风条件不如室外，但昼夜温度、湿度变化小，配制栽培基质时应注意排水与透气性。

容器种类

容器的材质、形状及大小等因素会影响多肉植物根部的生长环境。如陶盆，因透气性好，不易保水，应减少颗粒土的比例，提高栽培基质的保水性。树脂盆、瓷盆则透气性差，相对含水量较高，则应提高颗粒土的比例，以提高栽培基质的透气性。

常见基质的种类

多肉的基质主要分为有机基质和无机基质两大类。

有机基质主要是指以植物性材料为来源的基质种类，具有良好的保水、保肥能力；但长期使用易分解或出现酸化现象。目前，园艺栽培中最常用的是泥炭和椰糠，此外，还有椰块、水苔和树皮等。

无机基质指源自矿物或以矿物加工产出的基质，一般为颗粒基质，具有多孔隙的特征，作为多肉植物的栽培基质时，可以提高基质的排水性及透气性，还可以增加基质的重量，利用承载较大的植物。园艺栽培中最常用的是蛭石和珍珠岩，此外，还有鹿沼土、硅藻土、赤玉土、轻石、河沙、陶粒、砾石、火山岩等。

有机基质

泥炭

是各种泥炭藓及其伴生植物经长期缓慢分解及沉积而成，属于偏酸性基质，其质轻、且保水性好。一般市场上销售的泥炭已将 pH 调整至近中性。栽培中可以根据情况，适当加入泥炭，增加其保水性，延长灌水周期。

椰糠

为干燥椰壳经发酵后形成的纤维状产品，可作为泥炭的替代品，质地轻，保水性和透气性好，价格实惠。椰糠压制成椰砖，使用前需用水浸泡，让其充分吸水并去除多余盐分后再使用。

椰块

与椰糠一样来源于椰壳，椰块为块状产品，其透气性和排水性好于椰糠。

水苔

来源于干燥的泥炭藓类植物，其质地轻、吸水力和保水性极好。属于偏酸性基质，使用前要充分浸泡。一般在板植或吊挂时使用。使用时宜松散填入盆中，以利于透气。

树皮

大多以针叶树树皮为主，为扁平状块状产品，一般放置于盆底作为排水及透气层使用。功能与椰块相似，另铺于盆土表面具有保湿效果，使用时间较长。

蛭石

是由云母岩矿，经1000℃以上高温加工而成，质地疏松，具多孔特性，保肥及保水性好。

珍珠岩

与蛭石相似，是天然矿物经800℃以上高温加工而成，质地轻，具多孔性特征，有良好的透气性。

鹿沼土

产自日本火山区，是由下层火山土生成，呈火山沙的形式，酸性。与赤玉土相比，其透气性更强。

硅藻土

是一种生物成因的硅质沉积岩，它主要由古代硅藻的遗骸所组成，呈中性。其具有良好的吸水及保水性，可作为多肉基质中的颗粒土使用，也可作为装饰土。

赤玉土

日本北部某些地区由火山灰堆积而成的一种基质，呈微酸性，是多肉栽培中使用量较大的颗粒土。具多孔性，保肥性及透气性均佳。

轻石

是一种多孔、轻质的玻璃质酸性火山喷出岩。轻石表面粗糙，具多孔，在多肉栽培中园艺种植中主要用作透气保水材料，以及疏松剂。

河沙

是天然石在自然状态下，经水的作用力长时间反复冲撞、摩擦产生的。表面光洁，质硬，主要用于覆盖盆土表面。

陶粒

是用黏土经加工制粒，烧胀而成。具有球状的外形，表面呈红色或黑色。质轻，具有良好的保水性和透气性，在多肉栽培中可用于底部排水层和盆土表面覆盖。

砾石

是岩石经破碎而成的，质量较重，一般作为底部排水层使用，还可以增加栽培基质的重量，以承载较大的植物。

火山岩

是火山爆发后由形成的多孔形石材，非常珍贵。多为暗红色，也有黑色，其质轻、坚硬且具有多孔隙的特征，主要用作盆土表面覆盖。

常用基质配制方案

用 途	配 方
扦插育苗栽培用土	泥炭（椰糠）60％＋蛭石20％＋珍珠岩10％＋赤玉土10％
景天科多肉栽培用土	粗砂30％＋轻石20％＋泥炭（椰糠）20％＋赤玉土20％＋稻壳炭10％
百合科、番杏科多肉栽培用土	赤玉土30％＋轻石30％＋粗砂30％＋泥炭（椰糠）5％＋稻壳炭5％
仙人掌科多肉栽培用土	轻石40％＋粗砂30％＋泥炭（椰糠）30％

选择合适的容器

来为多肉选个家

常见容器类型

陶盆

推荐指数★★★

陶盆（无釉赤陶盆）有很多微孔，透气性好，盆土干燥快。非常适合多肉植物，缺点是易碎。

瓷盆

推荐指数★★

款式与颜色多样，但最大的缺点是不透气。因此一定要选择底部打孔的瓷盆，最好是加装透气管。

紫砂盆

推荐指数★★★

吸湿排水性能好，利于多肉植物生长，盆花相配，诗趣怡然，兼具实用性和观赏性。

塑料盆

推荐指数★★

塑料盆相对于陶盆更结实耐用，而且不易破碎。但是它的透气性差，因此排水良好的土壤和排水孔尤为重要。塑料盆有丰富的颜色和样式，如果种植得当也适合多肉植物生长。

金属盆

推荐指数★

不易破碎，透气性与塑料盆相当，但它会随着环境改变自身温度。若太阳直射会使容器温度上升导致植物烧根、叶片灼伤。适合在温和的气候条件下使用。此外容易生锈，这对多肉生长不利。

木盆

推荐指数★★

透气性最好，但木盆用久了会腐烂，所以保养很重要，一般对栽有植物的木盆，可用醋酸兑水擦拭；空置木盆，可将其放到硫酸亚铁溶液中浸泡24～48小时，然后用清水冲洗、晾干即可。

玻璃盆

推荐指数★

玻璃盆对于多肉来说是最棘手的容器。玻璃盆尽管有排水孔，但不透气。如果将多肉种于玻璃容器中，其存活的时间不会太长。即使仔细浇水，也会因为容器底部积水而使根系腐烂致死。如果你喜欢将多肉种植在玻璃容器中，最好考虑增加排水孔以延长多肉的生命。

选择容器的诀窍

外观

多肉可以在任何形状的容器中生长良好，很多容器表面还有精美的纹理，这些纹理如果可以与作品中多肉的叶形相似，会提高作品的整体感。你可以选择与容器颜色相近的多肉，也可以选择与之形成对比的多肉。

大小

容器直径太大，盆土水分不易挥发，根系容易因缺氧而出现腐烂的现象，且水肥供应过量，多肉也容易徒长；容器直径太小，多肉的根系生长受限，也会影响植株的发育。一般来说，选用的容器直径略小于植物的冠径为宜。但对于莲花掌类多肉植物来说容器直径应大于冠径1 ~ 1.5厘米。

排水性能

对大多数植株来说，如果长期生长在排水不良的环境中，轻则生长受阻，容易感染病害；重则根系腐烂，植株死亡。理想的容器应该是上粗（宽）下细（窄），并在基部留有排水孔。对那些没有排水孔的大型容器，可采用两种办法来补救：一是在其内套一个有孔的容器，并在无孔的容器内保留足够的空间来收集多余的水分；二是在无孔的容器基部先垫一些大的砂石，然后装土。

可移动性和安全性

如果容器需要经常搬动，重量应较轻，但也必须有足够的重量，以免被风吹倒或被一些小动物碰倒。要考虑到是否会给小朋友造成意外伤害。

如何进行水分管理

常言道"浇水三年功"，这充分说明了水分管理是植物养护中比较复杂的一件事，但也不用因此而沮丧，只要掌握以下诀窍，就可以让浇水变成一件轻松的事。

水分管理的依据

植物种类不同，浇水量不同

植物的原产地不同，其对水分的需求量也不同。例如仙人掌科、景天科长生草属和番杏科等多肉，由于原产地气候干燥，所以其需水量较低。而景天科莲花掌属多肉产自北非西海岸的加纳利群岛，比其他多肉需水量高。

生育期不同，浇水量不同

一般在多肉的生长季节，在合理的浇水周期内，可以放心大胆地浇水，浇到基质完全吸足水为止。通过浇水让基质内的液体和空气获得交换，使根部生长更为健康。

在多肉进入休眠期之前要适当控水，减缓植物的生长速度，促进营养物质的积累，为进入休眠期做好准备。

休眠季节，主要是以喷雾为主，适当地维持空气和盆土的湿度，让植物在休眠的时候不会因过于干燥而产生生理障碍。

根据天气和季节控制浇水量

多肉的生长季节保持正常浇水，如果天气较好，通风不错，水分挥发速度会加快，所以浇水次数变多。

夏冬两季在高温和低温时大多数多肉都会进入休眠状态，浇水量或浇水间隔要进行调整。冬季浇水间隔调整为15～20天，而夏季水分蒸发速度快，可不改变浇水间隔，而将浇水量减至1/3左右。

根据栽培基质种类调整浇水量

栽培基质中如果排水性好的颗粒土多，基质会干得很快，需要缩短浇水间隔。而基质中保水性好的泥炭或椰糠多，则浇水间隔需要拉长一些。

根据容器种类调整浇水量

容器的材质不同，其透气性也不同，例如，玻璃、树脂、塑料、陶瓷及金属等材质的容器透气性差、保水性强，浇水间隔时间长；而陶质容器透气好，浇水间隔时间就要适当缩短。

容器的形态也会影响浇水量。例如，宽口浅花盆，口径较大，水分挥发速度快，所以这类容器可以适当多浇水。而小口深花盆水分挥发较难，所以浇水间隔可以适当延长。

正确的浇水方式

干湿交替

如果在基质干后再浇水，水分可以顺畅地由表面渗入内部并从盆底流出，根系也可以获得所需的氧气。

浸泡法

浸泡法浇水可以保证基质吸足水分。将容器置于盘中，然后再往盘内注水，注水高度一般为盘高度的一半即可。基质可以从容器底部的排水孔缓慢地吸水，待基质表面湿润后，就可以将容器移出。

小栏目

√干湿交替的浇水方式，可以保证根系正常呼吸。如果基质表面还是湿润的状态下浇水，会导致根系周围水分过度饱和，使根系无法呼吸，呈现窒息状态。此外，水分过多还会抑制新根的生长。

√人工基质在干透后体积会缩小，在基质与容器间形成缝隙，当从盆面浇水时，水分从缝隙中流出，然而基质内部还是干燥的，因此要适当多浇水。

如何进行光照管理

光照管理

光照管理是多肉室内养护中最棘手的问题了。在室外，多肉可以得到全日照；但在室内，由于窗户、窗帘及百叶窗等的过滤，以及房间朝向的不同，使得多肉植物不能得到足够的光照并茁壮生长。因此，我们在室内种植多肉时，首先应选择耐弱光和生长缓慢的品种；另一方面，尽量把多肉摆放在光照条件好的位置。

你的多肉需要多少光照

了解你的多肉需要多少光照是很重要的。一般来说，大多数多肉需要大约6小时明亮的散射光来保持它们的颜色和形状。

景天科石莲花属

大多数景天科石莲花属多肉需要充足的阳光，图为景天科石莲花属芙蓉雪莲。

芦荟科十二卷属

大多数的芦荟科十二卷属多肉喜欢全阴，图为芦荟科十二卷属磨面寿。

如果你的多肉摆放在室内，且需要充足的光照，那么尽可能多地提供明亮的光线。如果你的多肉喜阴，可以将其放置在远离窗户的地方。一般鲜艳的多肉需要更多阳光，如果光照不足，它们会变绿，并且出现徒长的现象；而绿色的多肉一般需要较少的阳光。

光照条件好，蝴蝶之舞叶片颜色多彩艳丽；光照条件差，其叶片变绿，且有些徒长。

如何改善光照条件

接受户外自然光照

如果你有阳台或一个小院，那么在天气允许的时候，将多肉摆放到户外让其充分接受自然光照是十分有益的。但要避免阳光直射，以防止晒伤。早晨和傍晚的阳光是最好的，光线比较柔和，而且温度不高。

接受户外自然光照的方法

最初1~2天分别在清晨和傍晚晒1个小时，然后每隔3~5天增加1~2个小时，这样可以使多肉逐渐适应户外的阳光。此外，如果你的多肉比较多，不想每天搬来搬去，可以用遮阳网进行遮盖，这样多肉可以整天在户外接受阳光，而且也不用担心会晒伤。

人工补光

当你的多肉徒长时，可以考虑使用植物补光灯。一般较小的空间一个60瓦的灯泡就可以使多肉植物获得足够的光照。补光灯一般距离植物0.3~0.6米，照射时长一般为10~14小时。

如何给多肉换盆

如果你有时间，最好每年都给多肉换一次盆，这样可以极大地改善生长环境，促进多肉的健康生长。

什么情况下需要换盆

一起来为多肉安家

新买的多肉

一般在花卉市场购买的多肉会栽在一个塑料营养钵里，钵内基质较少，只适合临时养护，不适合长期栽培，所以要通过换盆为多肉创造一个舒适的生长环境。

根系从盆底伸出来

在多肉生长旺盛的时候，如果容器的空间已不能满足根系生长的需求时，根会从容器底部的排水孔伸出来，这时候就该为你的多肉换一个再大一点的新家了。

受病虫危害

你的多肉一旦出现叶片萎蔫、没有光泽、有黑色煤污、根部变黑腐烂等迹象，就要立刻换盆。

植株生长过大

如果你发现多肉植物长得太大，生长速度已经变得非常缓慢甚至停止生长，说明根系已填满了容器。为了让多肉健康生长，最好的办法就是换个大的容器让它们继续生长。

什么时候换盆最好

一年中最好的时间是多肉旺盛生长之前。这时候多肉新的吸收根还未生长，此时换盘对多肉的根系伤害最小，换盘后最容易恢复生长。如果你在生长季节结束时换盘，要注意不要浇水过多。

换盆操作图解

1

准备一个合适的盆器，若还用原来的盆器，要清洗干净，晒干后再使用。

2

检查根部是否有虫子，对根系进行修剪，剪去老、枯、烂、过长根及带有根瘤的根，同时要清除枯叶，之后，晾晒1～2天等伤口愈合后再上盆。

3

盆底铺一层大颗粒基质，约占盆体积的10%。

4

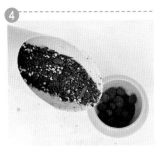

根据多肉植物根系的大小加入基质。

5

基质加至盆器的1/2～2/3处。

6

将多肉垂直放入盆内，使根系舒展，同时将剩余基质沿盆边倒入盆内，边倒土边晃动盆器，使根系与基质充分贴合。

7

在表面铺一层装饰土，不仅美观，还可防止浇水时土壤飞溅。

8

用气吹球吹去植物表面的残留土壤。

9

完成。

25

换盆时应注意哪些问题

√ 根系修剪后一定要晾1～2天，等伤口愈合后再上盆。

√ 栽培基质不可太干，也不可太湿，用手摸可以感到有潮气即可。

√ 基质填好后，不要用手压基质，这样做会影响根系呼吸。

√ 基质不可添得过满，盆土下沉后，基质表面距盆口以2～3厘米为宜。

√ 换盆2～3天后再浇水，而且要避免阳光直射。

如何进行养分管理

多肉植物一般需肥量较低，栽培基质中所含的营养就可以满足其日常生长所需。但如果在旺盛生长期给予适当的营养可以促进多肉的生长。

选择什么样肥料

一般可以选择缓释肥和水溶肥，切忌使用芝麻饼肥、鸡粪肥和浓缩液肥，它们很容易烧根。一般缓释肥用于基肥，水溶肥用于生长期、花期的日常追肥。

正确施肥的方法

上盆时加入缓释肥

多肉植物上盆时可以在基质中加入一定量的缓释肥，一般可满足其1～2年的生长，但不可过量，以防止烧根。

生长期适当追肥

多肉植物在生长期对营养的需求量大，如果适当追肥可以使其生长更健康，株形更美观。一次追肥量不可过多，按薄肥勤施的原则进行，一般一个月追一次水溶肥即可。

27

常见病虫害防治

粉蚧

粉蚧是多肉植物在室内养护中最常见的害虫，其传播速度快，而且很难完全根除。当你发现叶片上或叶片之间出现白色绒毛状物体时，就说明多肉已受到粉蚧的危害了，此时就立即处理，否则会危害其他多肉。

介壳虫防治小窍门

1. 把受害植物移走隔离。

2. 用强水流冲洗植物。

3. 用热水和肥皂水清洗盆器。

4. 让植物和盆器充分晾干。

5. 用新基质重新种植多肉植物。

6. 喷洒杀虫剂。

7. 放在背光处避免阳光直射。

8. 观察植株情况，一周后再次喷雾。

腐烂

　　多肉腐烂的原因有很多，但最常见的原因是浇水过度。腐烂最早的迹象是叶子的软化。随着病情的发展，你会开始看到茎或叶上的黑斑，直至植株死亡。可将腐烂的叶片全部清除，或重新扦插。

晒伤

　　主要发生在春秋季转换期和夏季。晒伤初期叶片变苍白，这时最好将多肉置于阴凉处。叶片上的晒斑继续发展，将会变成棕色，最后叶片脱落。多发期应循序渐进地增加多肉的户外日照时间，并注意通风，使其逐渐适应户外环境；此外，在中午应适当遮阴或将其搬到室内。

如何繁殖多肉

　　像大多数植物一样，多肉可以用种子或营养器官进行繁殖。只要跟着下面的步骤进行繁殖，你就可以很轻松地把一株多肉变成十株、甚至几十株多肉。

多肉是如何长成的

播种

　　播种非常适合番杏科生石花属多肉，很多生石花都是在春夏季开花、结果，所以秋季是最适合生石花播种的季节。多肉种子寿命短，一般在常温条件下可贮藏1年，发芽率也随贮藏时间变长而下降。

三步完成叶插繁殖

叶插

　　多肉繁殖中最常用的方法。取下的叶片晾干几天，然后再将其放在基质上，几周后，根就会长出来，叶子的末端就会长出一株新的多肉植物！注意：摘取叶子时，防止叶子断裂。断裂的叶片没有生长点，很难长出新的多肉。

枝插

　　主要用于叶插不易成活的多肉。作为枝插的母株一定要健康，先将植株顶端从母株上剪下，剪取的部位不要太嫩，要稍微硬一些，截取后把下部多余的叶片掰下来，然后晾干几天，等切口愈合后再插入基质中。

根插

　　主要应用于根系较粗的多肉，如十二卷属。将成熟的肉质根切下，埋在基质中，上部稍露出，保持一定的湿度和光照，几周后就可以从根部顶端处萌发出新芽，形成完整的小植株。

三步完成分株繁殖

分株

　　多肉繁殖中最简便、最容易成功的方法。只要具有莲座叶丛或群生状的多肉植物都可以通过它们的吸芽、走茎、鳞茎、块茎和子株进行分株繁殖，如长生草属和石莲花属植物。

多肉四季养护要点

　　不同类型的多肉对光照、水分、肥料、空气等方面的需求都不同，下面分别介绍夏型、冬型、春秋型多肉的四季养护管理要点，按照介绍的关键点好好照顾你的多肉吧。

夏型种

春

- √ 生长状态：生长缓慢
- √ 日照：阳光充足，避免直射，通风
- √ 浇水：逐渐增加水量
- √ 施肥：停止施肥
- √ 温馨提示：防治虫害

夏

- √ 生长状态：正常生长
- √ 日照：全日照，通风
- √ 浇水：见干见湿
- √ 施肥：每月施肥1次
- √ 温馨提示：防治病虫害，适合移栽、修剪、繁殖

冬

- √ 生长状态：休眠，生长停止
- √ 日照：阳光充足，避免直射
- √ 浇水：停止浇水
- √ 施肥：停止施肥
- √ 温馨提示：不要靠近玻璃，以免冻伤

秋

- √ 生长状态：正常生长
- √ 日照：全日照，通风
- √ 浇水：见干见湿，浇则浇透
- √ 施肥：每月施肥1次
- √ 温馨提示：适合移栽、修剪、繁殖

冬型种

春

- √ 生长状态：正常生长
- √ 日照：阳光充足，避免直射，通风
- √ 浇水：见干见湿
- √ 施肥：每月施肥1次
- √ 温馨提示：防治虫害，适合移栽、修剪、繁殖

冬

- √ 生长状态：正常生长
- √ 日照：阳光充足，免直射
- √ 浇水：见干见湿
- √ 施肥：每月施肥1次
- √ 温馨提示：适合移栽、修剪、繁殖；不要靠近玻璃，以免冻伤

春秋型种

夏

- √ 生长状态：休眠，生长停止
- √ 日照：半阴，通风
- √ 浇水：停止浇水、喷壶喷水
- √ 施肥：停止施肥
- √ 温馨提示：防治病虫害

春

- √ 生长状态：正常生长
- √ 日照：全日照，通风
- √ 浇水：见干见湿，浇则浇透
- √ 施肥：每月施肥1次
- √ 温馨提示：防治虫害，适合移栽、修剪、繁殖

夏

- √ 生长状态：生长缓慢
- √ 日照：半阴，通风
- √ 浇水：停止浇水、喷壶喷水
- √ 施肥：停止施肥
- √ 温馨提示：防治病虫害

秋

- √ 生长状态：生长缓慢
- √ 日照：阳光充足，避免直射，通风
- √ 浇水：逐渐增加水量
- √ 施肥：停止施肥

冬

- √ 生长状态：休眠，生长停止
- √ 日照：阳光充足，避免直射
- √ 浇水：停止浇水、喷壶喷水
- √ 施肥：停止施肥
- √ 温馨提示：不要靠近玻璃，以免冻伤

秋

- √ 生长状态：正常生长
- √ 日照：全日照，通风
- √ 浇水：见干见湿
- √ 施肥：每月施肥1次
- √ 温馨提示：适合移栽、修剪、繁殖

多肉购买避坑指南

网购多肉注意事项

有些网店的多肉图片都是经过处理的，颜色和状态非常好，但实际收到货跟图片差别非常大。当你被店铺多肉的美照吸引时，一定要看评价、店铺信用度，同时要询问好售后问题。社交APP、贴吧、论坛等都会讨论网店中的黑店和优店，购买前可以多去逛逛，尽量避开那些黑店。

新手尽量不要买老桩、大群生及缀化

真正老桩是用时间沉淀出来的，但现在很多商家会把徒长后的植株当老桩卖。通过浇大水、遮阳使植株徒长，然后再控水增加光照来使多肉形成"伪老桩"，现在市面上很多老桩都是这种。而且多肉老桩、大群生、缀化的价格高，建议新手先选择皮实的普货练手，像白牡丹、观音莲、黄丽、初恋等，这样即使一不小心多肉"挂掉了"也不会太心疼。

不要被新奇的名字迷惑

选择有品种名称的多肉，这样可以先了解一下它们的生长习性，便于养护。但一些商家喜欢在名字上做文章，将普货换个名字，贴上进口品种的标签，滥竽充数。建议新手不要过分追求新奇，先从普货玩起，学习养护技能。

挑选裸根苗和盆栽苗注意事项

如果是裸根苗，要挑选带须根、根系不干枯的植株，以便买回栽植后在较短时间内发新根。

如果选择已栽入盆中的植株时，请注意是否是新栽的。如果是出售前新栽的植株，则盆土松软，轻摇植株会有较大晃动。这样的植株并未发新根，购回家后须避免强光照射，控制水分，一般1~1.5个月后才能逐步进行正常管理。据观察，目前市售的带盆植株中，这种类型者占较大比例。

无论是裸根苗还是盆栽苗，选择叶片饱满、紧凑有型、无病斑的多肉，尽量选颜色接近其最好状态的多肉。

PART 3

多肉盆栽设计

多肉盆栽设计原则

多肉盆栽设计诀窍

重复和对比

　　重复和对比是两个最重要的设计元素。重复可以使你的盆栽作品富于节奏感，尤其对于体量较大的盆栽作品，通过巧妙配置多肉所呈现的节奏感，可以为观赏者提供一条视觉动线，使其更好地观赏作品，体会作品的美妙之处。重复并不总是同一种植物的简单加倍，它还可以通过多肉间以及多肉与容器之间的图案、轮廓、纹理和颜色重复来体现。

　　对比强调两个元素之间的差异，它包括多肉植物的形象对比，如长宽、高低等；质感对比，如植株枝叶的粗糙与光滑、明与暗等，这样做可以使两者更加突出，它还可以使沉闷的布局显得活泼而有趣。

多株三色堇非常饱满壮观，叶片的颜色与瓷盆的釉色浑然一体。

'东云'的叶尖与圆形盆钵形
成强烈的反差。

亮绿的叶片与灰暗的盆钵
反差强烈。

尺寸和比例

尺寸和比例是指布局的组成部分之间的关系。一般尺寸与物体的大小有关，就多肉组合盆栽来说，大容器适合选择生长速度较快、株形较大的多肉植物，如龙舌兰科、芦荟科等多肉植物；而小型容器适合选择一些生长缓慢而株形小巧的多肉植物，如番杏科、景天科等多肉植物。

比例与摆放的空间有关，适宜的比例是容器（或组合作品）的大小至少应该是其所装饰空间大小的1/3。

居室墙高2.8米，可以使用一个高度约1米的容器或一个带有容器的花架来装饰墙面。

质感与颜色

　　质感是多肉盆栽设计中的重要元素。它可以给人一种视觉上的冲击效果。质感既是视觉的，也是触觉的。用它来增强对比度和重复性，并唤起人们对焦点的注意。物体的质感往往与周围的环境有关。比如砾石，最初看起来粗糙，当放置在巨石旁边时看起来却很柔和。设计时我们可以将多种质感的多肉植物混合在一起使作品富有层次感。

　　颜色搭配是多肉盆栽设计需要掌握的一个十分重要的技巧。色彩搭配合理，可以最大程度地发挥多肉植物的个性，既可以营造出热烈时尚的氛围，也可以营造出宁静祥和的气氛。具体颜色使用技巧会在后面详细介绍。

光滑的叶面和带有纹路的盆器，质感虽然不同，但却非常协调。

多肉盆栽设计方法

高低差异配置法

利用植物的高低差，能营造出具有景深的立体感。在具体制作作品时应将最高的植物置于后方，低矮植物种在前方，中等高度的植物配置在高低植株之间。

高低差配比还可以用三分法，即容器的高度占整个作品的1/3，植物占2/3，也可以反过来。

颜色配置法

互补色配置法

互补色是在色环上两组相对立的颜色搭配，如红色与绿色，黄色与紫色，是多肉盆栽设计中最受欢迎的色彩搭配了。这种搭配表现出强烈的对比，色彩感觉跳跃，能充分体现色彩的张力，整体上给人生动、活泼的感觉。

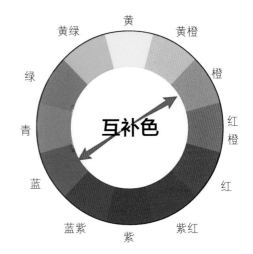

红色多肉与绿色多肉形成鲜明对比，作品整体看上去鲜艳明快。

同色系配置法

同色系也称单色搭配，它是最不容易出错的，很适合初学者应用。这种搭配突出作品的整体感，可以营造宁静、淡雅的气氛。

在制作作品时可以通过挑选浓淡不同、叶形不同、质感不同的品种，以增加作品的层次感。种植时将色调、叶形相同的品种分开种，这样可以创造出微妙的视觉效果。

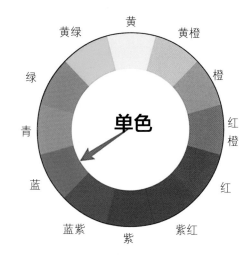

用深浅不一的绿色多肉植物填满相框，摆放在家里绿意盎然。

近似色配置法

近似色是利用色环图中相邻的色彩搭配而成，如黄绿、黄和黄橙，蓝、蓝紫和紫色。近似色搭配色彩变化不显著，具有明显的统一性，气氛宁静祥和，给人以和谐、优雅的感觉，多用于较为庄重的场合。

通过不同相邻色彩的搭配，还可以营造出暖色或者冷色两种截然不同的风格。

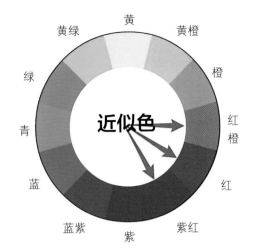

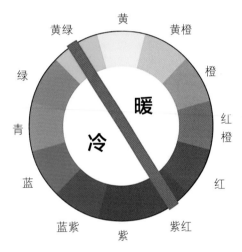

暖色搭配

冷色搭配

主次搭配法

选取一株多肉作为主景植物，围绕它进行配置。这种配置法比较突出中心，起到点睛的作用，所选的主景植物最好在形态上也要大于其他植物。用于陪衬的植物有利于减少水分的蒸发，防止夏季基质温度过高。

选取黑法师作为主景植物，其他多肉比其矮小，起到了衬托的作用。

悬垂配置法

　　将类似藤蔓、会向下攀沿的多肉如佛珠、玉缀、丸叶姬秋丽等，排在高于视线的位置，利用其自然下垂的枝叶，可以使多肉作品富于动感。

留白配置法

留白是我国传统艺术的重要表现手法，可以减少构图太满给人的压抑感，使构图更加协调。采用黄金分割线法，将主要的多肉植物种植在偏离盆中心的位置，其余地方不种植物或种小型植物。通过整体留白，视觉焦点就会聚集到主题多肉植物上。

用黄金万年草做树冠，通过整体留白，聚集视觉焦点，搭配上可爱的陶瓷摆件，作品呈现出和谐之美。

场景配置法

利用一些小道具来做一些小场景，使整个盆栽作品给人更多遐想，很有代入感。

摆放了房屋、老人等摆件，像是走入了日常生活的场景，
更像是迷你版的童话世界。

多肉盆栽设计典型案例

垂直多肉花园

盆栽设计案例《多肉相框》

《多肉相框》

垂直花园越来越热，利用类似相框的花盆打造垂直花园，它们靠墙制作可以节省空间，你可以根据自己的喜好进行搭配。

相框内填入配好的营养土。

在营养土上铺一层水苔。

安装铁丝网，并使其与水苔紧密结合。

种植多肉植物插穗。

种植完成。

小栏目

种植完成后，保持水平状态养护约1个月，一旦你的多肉植物生根了，就可以将其挂起来了！为了使其保持良好的状态，一般每周取下1次，让其晒晒太阳。

仙人掌组合盆栽

《白色仙人掌花园》

作品中选用的植物在绿色叶片或茎上都有白色的茸毛或叶刺，使之与白色的瓷盆相呼应，突出作品的整体感；白雪光、星星丸的坚硬叶刺与福兔耳、信东尼的柔软茸毛形成鲜明的对比，使表面质感不同的每种多肉植物都能在整个作品中突现出来。

《多彩花束》

　　作品充分利用了互补色，通过红色和绿色的强烈对比，营造出一幅欢快、热烈的画面，其中初恋和火祭种于中间，构成作品的主体，将低矮的虹之玉、果冻乙女心、红色浆果及乒乓福娘等种于前部，构成作品的前景；将较高的小米星、汤姆漫画、达摩福娘及秋丽种于后部，构成作品背景。这些配色植物都以绿色为主，但其叶片顶端均为红色，使其与主体植物形成呼应，同时，又避免了色块的堆积，使整个作品既对比强烈，又不失色调上的平衡。

《临水而居》

　　用色彩丰富的十余种多肉植物如白鸟、蓝色惊喜、红鹤、紫乐、华丽风车等营造出一个纷繁热闹的花园，与用白沙营造的宁静的湖水形成鲜明对比，更加突出了小船、木屋、荷叶、青蛙构成的世外桃源的恬静。

《过故人庄》

幽深曲折的小路、古朴的石桥和石屋、灰白相间的大公鸡营造出一幅宁静祥和的乡野风光，将安逸恬淡的隐居生活刻画得惟妙惟肖。容器选择仿石材质，与作品的整体风格统一，植物的选择既有色彩鲜艳、明快的火祭、姬胧月，又有色彩清新、淡雅的新玉坠、黄花照波、马库斯和冬美人，使整个作品宁静中又不失活泼，与故人相见的喜悦心情相呼应。

《奔马》

黑色的石质容器如同马车的车厢，图中左侧的小美女高高伸出的花莛如同车厢上的伞盖，右侧的小美女伸出的花莛如同高昂的马头，整个作品的构图与容器上的图案相呼应，浑然一体。

《瓶画》

    原色木框、亚光的瓷盆确定了作品古朴的风格，而作品中选择的锦晃星、秋丽、钱串、女美月等多肉的叶片或有叶粉，或有茸毛，这与作品整体的古朴、内敛风格相一致，但为使作品的色彩和色调更平衡，加入了有着光亮叶片、线型的雅乐之舞和珊瑚珠，此外，锦晃星、女美月的红色小花也为整个作品中增加了一丝明快的色调。

《绿窗》

    作品采用了同色系配置法、高低配置法，用不同品种的绿色多肉呈现出高低错落之感，绿植与方形的原木框搭配，就像打开了一扇窗，清新自然。

《盼归》

　　穿着蓝绿色长服的小女孩无疑是整个作品中的主角，与旁边的路灯一起营造了一幅傍晚等候亲人回家的场景，红色的红稚莲、晚霞之舞、秀妍，黄色小鸟营造的暖色调，以及绿色的春萌、阿尔巴白月影、冰莓和蓝色的白美人、蓝苹果营造的冷色调使整个作品既温馨而又不失宁静。

《巢》

　　铁制小筒和荡秋千的猫，构成了整个作品的框架，作品中多肉采用了高低差异配置法和互补色搭配法，高高的铭月下面搭配低矮的绮罗、桃蛋、秀妍和达摩福娘，使整个作品更加稳定；作品中的红色多肉与整体色调相统一，从而使绿色的达摩福娘和白色的小鸟显得更加突出和显眼。

多肉组合盆栽选种要点

盆器适宜

了解不同盆器的特点，在考虑设计需求之余，结合盆器的材质、大小选择适合栽培的多肉组盆品种以及栽培数量。

习性相近

依照植物的习性选择多肉组盆品种，将喜好相同的植物混栽在一起，方便后期管理。如夏型种搭配夏型种，冬型种搭配冬型种等。同科的多肉植物习性相似，可以优先选用。

形态搭配

多肉按照形态特征可分为乔木状、灌木状、藤本和草本多肉（⇨Part 5），选种时可参考设计需求，选择不同类型的多肉进行搭配，高低错落、颜色多样才看着新鲜好玩。

生长稳定

选择植株生长相对较慢，在观赏期内不会有较大变化的品种，有助于延长组合盆栽的观赏时间。

生命力强

多肉组合盆栽的品种要具有较强的生命力，养护容易，且有一定的耐阴性，能适应室内的栽培环境。

PART 4

多肉花园打造

多肉花园应用

庭院角落

　　在院子的一角，用多肉打造一个小小的花园，可以利用盆栽，还可以利用多肉容易繁殖的特性大面积露地种植。绿色系的多肉搭配，非常清新。

窗前

　　窗户前设置了一个长条形的花盆，里面种满了多肉植物，颜色搭配采用了近似色搭配法，以紫色、蓝色、绿色为主，点缀了金黄色的黄金万年草，推开窗就能看见一个迷你花园。

房前屋后

生活不止诗和远方的田野，还有家和门前的鲜花盛开。

房屋背后的光照不好，恰是耐阴的条纹十二卷大显身手之处。

椅子花坛

　　用废旧的椅子做多肉盆器，可以作为花园的主景吸引眼球。

大型盆栽

　　大型盆栽放在花园中作主景，非常引人注目，作品选用了高低差异配置法与近似色配置法。

墙面

　　用石头堆砌带有凹槽的墙面，凹槽可以当作盆器使用，种上多肉，墙面就变成了花墙。

屏障

高高的仙人柱可以用于花园边界的勾勒和营造，这种天然的屏障绝对是花园里最靓丽的风景线，如果栽在路边最好选择无刺的品种，以免伤到行人。

小栏目

植物搭配技巧

新手布置花园时，植物品种不宜太多，以1～2种植物为主景植物，再选种1～2种作为搭配。

多肉在与其他植物相互组合的过程中，尽量选择与生长习性、生长速度相同的植物共生。

建筑物的背面通常光照不足，且大部分的时间阴冷潮湿，在冬季可能会发生雨雪堆积，可以选择一些耐寒、喜阴的多肉。而在建筑物的向阳面通常是温暖并且十分干燥，可以种植喜光、耐寒的多肉品种。

花坛

多肉植物可以和草花搭配来打造花坛，但是需要注意彼此的生长环境要求是否一致，要选择耐旱、不喜湿的草花。

多肉花园手工

多肉凭借其呆萌可爱的外形、易于管理的特性，吸引着越来越多向往绿色生活、没有太多时间打理植物、居住环境狭窄的都市人的喜爱。人们不仅将多肉种在花园里，而且赋予多肉无限可能。

美翻了！我的多肉新娘手捧花

手捧花

如果你想让你的婚礼充满田园风格，不妨尝试一下多肉捧花，用绿色多肉三色堇作为主花非常吸睛，旁边点缀紫红色的六出花、月季等作为陪衬，清新典雅。

多肉胸花让你秒变时尚达人

胸花

　　石莲花属多肉作为主花，上方配置空气凤梨及菩提叶子，还搭配一些情人草等做衬花，浪漫而不失庄重。非常合适男士佩戴。

多肉花冠让你秒变小仙女

花冠

　　用星王子排成一排，再搭配情人草，小巧可爱的花冠就完成了。

手环

　　主花是华丽风车，旁边搭配星王子、八千代以及下垂的毛马齿苋，与金属手环搭配非常时尚。

项链

　　用新鲜的多肉植物做首饰，可以保持较长时间不枯萎，但是你想长期佩戴，最好用软陶制作的仿真多肉。

耳环

　　用软陶制作的仿真多肉制作耳环，可以长期佩戴。

蛋糕

　　绿色调的金边黄杨、厚叶月影、三色堇放置在白色奶油蛋糕上，点缀亮黄色的澳洲鼓槌菊、粉色芍药和淡橘色的月季，再搭配垂吊。

适合与多肉种植的草花

百里香　常绿灌木 ◆唇形科

株高/3 ～ 40厘米

功能/地被植物、香草植物

迷迭香　常绿灌木 ◆唇形科

株高/30 ～ 150厘米

功能/香草植物

矾根　多年生草本 ◆虎耳草科

株高/30 ～ 70厘米

功能/地被植物、彩叶植物

薹草　多年生草本 ◆莎草科

株高/5 ～ 60厘米

功能/彩叶植物

筋骨草　多年生草本 ◆唇形科

株高/10 ～ 20厘米

功能/地被植物

活血丹　多年生常绿草本 ◆唇形科

株高/15 ～ 30厘米

功能/地被植物

薰衣草 常绿灌木◆唇形科

株高/10 ～ 100厘米

功能/地被植物、香草植物

萱草 多年生草本◆百合科

株高/30 ～ 100厘米

功能/地被植物

紫鸭跖草 多年生草本◆鸭跖草科

株高/20 ～ 50厘米

功能/观叶植物、藤本

花菱草 一年生草本◆罂粟科

株高/30 ～ 60厘米

功能/地被植物

勋章菊 一年生草本◆菊科

株高/20 ～ 30厘米

功能/地被植物

蓝羊茅 多年生常绿草本◆禾本科

株高/40厘米

功能/地被植物

多肉花园选种要点

盆栽种植选种

盆栽种植方式可选的多肉范围较广，只要能露养即可选用。但景观单一，无法实现多层次景观相互融合搭配的特色，不适合在庭院景观设计时大面积应用。

垂直种植选种

垂直绿化是花园设计中重要的一部分，在多肉花园设计中也是必不可少的。可以选用藤本多肉进行竖向设计，如千佛手、紫弦月等良好的垂吊植物，生命力强，对基质要求不高，容易打造完美的垂直绿化效果。

立体种植选种

立体种植是充分利用立体空间组合立体多肉景观，增加花园景观的丰富性与趣味性。尽量选用对环境适应能力强、生长速度相对平稳的多肉品种，既可以保证成活率和观赏性，也可以延长观赏期。

此外，根据设计需求，可选用色彩对比强烈、习性相近的品种组合搭配在合适的立体容器中，打造丰满的造型，以增加花园的独特性。

环境适合

了解花园的环境，包括气候、土壤、光照等环境因子，根据了解的情况选用适合露养的多肉品种。如果照顾时间很有限，建议选用抗性强的品种。

不适合地栽的多肉品种

不适合地栽的多肉品种有：白牡丹、红化妆、静夜、红爪、桃蛋、青锁龙属小米星类、爱染锦、仙女杯等。

PART 5

多肉品种图鉴

乔木状多肉

多为纵向生长型，主干粗大、茎干状多肉、形态奇特，常作为园景树等应用于室外造景。

符号说明：初 适合初学者　盆 适合盆栽
庭 适合庭院栽种

白桦麒麟

Euphorbia mammillaris
'Variegata'

别名 玉麟凤锦
类型 夏型种
科属 大戟科大戟属
繁殖 茎插、分株

玉麟凤的斑锦品种。株高18～20厘米，冠幅18～20厘米。茎肉质矮小，基部分枝多，易群生。棱6～8个，呈六角状瘤块，白色。叶片不发育或早落。喜光照充足、凉爽、干燥的环境。

白马城

Pachypodium saundersii

类型 夏型种
科属 夹竹桃科棒槌树属
繁殖 茎插、分株

原产于莫桑比克、津巴布韦和非洲南部。植株块茎酒瓶状，株高1.5～2米，冠幅1米。茎基部膨大，上粗下细，具棒状分枝，表皮银白色。散生长刺，3枚刺成一簇，灰褐色。叶绿色，簇生于茎端似伞状。略有短毛。喜高温、高湿、强光，忌积水。

贝信麒麟

Euphorbia venenifica

别名 幸福麒麟
类型 夏型种
科属 大戟科大戟属
繁殖 茎插、分株

☀ ☀ ☀ ☼ ☼　　15 ～ 28℃

原产于南非。植株枝茎肉质，圆柱形，高可达2米，分枝多。顶端生长绿色扇形肉质叶，叶痕下具1枚小刺，株形奇特优美。喜光照充足、通风良好的环境。

秘鲁天轮柱

Cereus peruvianus

类型 夏型种
科属 仙人掌科仙人柱属
繁殖 茎插、分株

☀ ☀ ☀ ☼ ☼　　15 ～ 30℃

原产于南美洲东南部海边，以巴西为主。植株圆柱形，多分枝，高可达7～8米，粗10～20厘米，具棱6～8枚，深绿或灰绿色。刺座较稀，带褐色毡毛，具刺5～6枚，中刺1枚，长约2厘米。花侧生，漏斗形，长16厘米左右，白色。株形高大，生长迅速，适合种于展览温室内供观赏，也可用作大型球类的砧木。

吹雪柱
Cleistocactus strausii

类型 夏型种
科属 仙人掌科管状花属
繁殖 播种、嫁接

15 ～ 30℃

植株直立单生，株高约1米，体色鲜绿，具22～25条低棱，全株密被白色羊毛状细刺，富有光泽，极其美观。花长管状花，红色，花期夏季。

非洲霸王树
Pachypodium lamerei

类型 夏型种
科属 夹竹桃科棒棰树属
繁殖 播种、扦插、分株

20 ～ 25℃

原产于非洲马达加斯加岛西南部的热带地区。茎干肥大挺拔，高可达5米，直径可达30厘米，圆柱形，褐绿色，密生3枚一簇的银灰色硬刺，较粗短。茎顶丛生翠绿色长广线形叶片，尖头。开白色花朵。

73

龟纹木棉

Bombax ellipticum

类型 冬型种
科属 木棉科木棉属
繁殖 播种、茎插

原产于墨西哥南部。落叶乔木，根基部粗壮。茎基部不规则膨大，呈块状，肉质，外皮灰色，分布有浅绿色斑纹，表皮龟裂，形似龟背，其中贮存大量水分。顶生绿色短枝，高一般不及1米。掌状复叶互生，小叶5片，倒卵形，休眠期叶片脱落。

惠比须笑

Pachypodium brevicaule

类型 冬型种
科属 夹竹桃科棒棰树属
繁殖 茎插、分株、嫁接

原产于马达加斯加中南部海拔1 250～2 000米的裸露砂岩面上。根茎不规则膨大，肉质，内含大量水分，外皮褐色至灰色，具不规则突起和皮刺。叶长椭圆形，深绿色，叶柄直接着生于根茎突起部位。喜光照充足、通风良好的环境，夏季高温时就注意遮阴。喜酸性土壤，适宜pH为4.0～6.0。

酒瓶兰

Beaucarnea recurvata

类型 夏型种
科属 龙舌兰科酒瓶兰属
繁殖 播种、枝插

庭

10 ～ 25℃

常绿乔木，株高可达5米。茎直立，下部肥大，看上去像一个酒瓶，非常有趣。树皮灰白色或褐色。老株表皮会龟裂，状似龟甲，颇具特色。顶生带状内弯的革质叶片。花小，白色，10年以上的植株才能开花。

龙神木

Myrtillocactus geometrizans

别名 越橘仙人掌、龙神柱
类型 夏型种
科属 仙人掌龙神木属
繁殖 扦插、播种

庭 盆

15 ～ 30℃

原产于墨西哥中北部地区。为易分枝的柱状仙人掌。茎皮略呈蓝灰色或蓝绿色，具5～8条棱，着生刺座。中刺及副刺不明显，具5～9枚刺，刺黑色。适应性强，喜光照充足的环境。果实味道甜美。

绿珊瑚

Euphorbia tirucalli

别名　光棍树
类型　夏型种
科属　大戟科大戟属
繁殖　扦插、播种

初 盆 庭

原产于东非、南非的热带干旱地区。整株无花无叶，仅剩光秃秃的枝叉，犹如一根根棍棒插在树上。故人们戏称为"光棍树"。茎中含有乳白色的汁液，故又有人叫它"牛奶树"，它茎干中的白色乳汁可以制取石油。

亚阿相界

Pachypodium geayi

别名　狼牙棒
类型　夏型种
科属　夹竹桃科棒槌树属
繁殖　茎插、分株

庭

原产于马达加斯加。单干直立，肥大多肉，长满锐刺。叶细长呈线形，长30厘米，聚生于枝干先端，向四周展开，叶背有灰色毛，成株开花白色，形态奇特。耐旱，喜高温，忌潮湿。

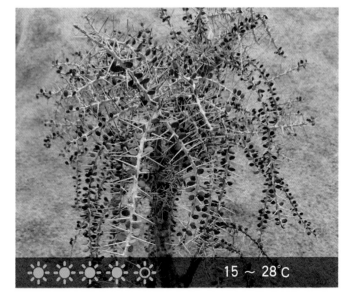

亚龙木
Alluaudia procera

别名 大苍炎龙
类型 夏型种
科属 刺戟木科亚龙木属
繁殖 播种、嫁接

15 ～ 28℃

原产于马达加斯加。植株在原产地可长到3～5米高。茎干表皮白色至灰白色，具细锥状刺，肉质叶长卵形至心形，常成对生长，大叶绿色，小叶灰黑色。习性强健，喜阳光充足和温暖干燥的环境，稍耐半阴，不耐寒，忌阴湿。

亚森丹斯树
Alluaudia ascendens

类型 夏型种
科属 刺戟木科亚龙木属
繁殖 播种、嫁接

15 ～ 28℃

株形奇特，茎干表皮白色至灰白色，有棘刺。叶片生于刺间，绿色，肉质长卵形至心形，对生，具细锥状刺。株高3～5米，分枝少。花序长30厘米左右，小花黄色或白绿色。

灌木状多肉植物

多为纵向生长型，分枝多、耐修剪，常作为绿篱等应用于室外造景或室内盆栽。

爱染锦

Aeonium domesticum 'Variegata'

类型 冬型种
科属 景天科莲花掌属
繁殖 播种、扦插

盆 庭

莲花掌的斑锦品种。叶片匙形，浅绿色，绿白相间。圆锥花序，花黄色，花期春季。

春萌

Sedum 'Alice Evans'

类型 冬型种
科属 景天科景天属
繁殖 叶插、茎插、分株

初 盆 庭

叶片长卵形，叶尖幼圆。叶绿色至黄绿色，光照充足时叶尖会发红。春萌生长迅速，易形成老桩。生命力比较强，粗放养护即可。光照充足、温差较大时易出状态。

达摩福娘

Cotyledon 'Pendens'

别名 丸叶福娘
类型 春秋型种
科属 景天科银波锦属
繁殖 叶插、茎插、播种

盆 庭

☀ ☀ ☀ ☀ ☀   10 ～ 25℃

原产于南非和纳米比亚。达摩福娘是福娘系中叶片较为小巧可爱的一种，与福娘相比，达摩福娘茎部较细一些，叶片狭长。色泽淡绿或嫩黄，叶尖突出，在冷凉季节强光照射下叶尖及其附近会变为红色。喜光照充足、凉爽通风的环境。

蒂亚

× *Sedeveria* 'Letizia'

别名 绿焰
类型 冬型种
科属 景天科石莲花属
繁殖 叶插、茎插、分株

初 盆 庭

☀ ☀ ☀ ☀ ☀   10 ～ 25℃

是景天属和石莲花属的跨属杂交品种。叶片倒卵状楔形，前端三角短尖头，叶背中心突起，边缘有极短的硬毛刺，紧密排列成莲花状。易从茎干底部分生出多个枝干，株高可达20厘米，随着生长，下部叶片会逐渐脱落，形成老桩。叶片为绿色，但在光照充足的秋冬季节，叶片会从边缘开始变红，直至整个叶片全红。

飞龙

Euphorbia stellata

类型 夏型种
科属 大戟科大戟属
繁殖 扦插、分株

15 ～ 28℃

株高10～15厘米，冠幅5～7厘米。茎基膨大呈块根状，表皮白色或灰褐色，顶端生出众多片状分枝茎，茎上呈现"人"字形斑纹，棱脊有对生的红褐色短刺。聚伞花序，花杯状，黄色，花期夏季。

福娘

Cotyledon orbiculata var. dinteri

类型 冬型种
科属 景天科银波锦属
繁殖 叶插、茎插、播种

10 ～ 25℃

产于南非和纳米比亚。多分枝的肉质灌木。叶片厚实浑圆呈棒状，灰绿色，上面覆盖白粉，叶尖和叶缘为红褐色，叶对生。喜光照充足、凉爽通风的环境。叶片上有大量白粉，日常栽培中应避免触碰叶片和浇水在叶片上，以免影响美观。

格瑞内
Dudleya greenei

别名 白菊
类型 夏型种
科属 景天科天锦章属
繁殖 播种、扦插

盆 庭

15 ～ 28℃

小型仙女杯品种，茎短小粗壮，分枝多，易群生。叶片肉质饱满，长锥形，全年绿色，叶表密被白粉，呈莲座状生长于茎顶端。提醒花友们注意，最好不要用手直接触摸叶片，白粉粘在皮肤上会不舒服。

多肉植物找不同
——三大法师大比拼

黑法师
Aeonium arboreum'
Atroppurpureum'

别名 紫叶莲花掌
类型 冬型种
科属 景天科莲花掌属
繁殖 茎插、分株、砍头

盆 庭

15 ～ 28℃

是原产于地中海西部的绿法师的栽培变种。茎部粗壮，表面有明显叶痕。叶在茎端和分枝顶端集成莲座叶盘，叶片质薄，匙形，叶表光滑，叶顶端有小尖，叶缘有纤毛。季节不同，叶片的颜色也会有变化。喜温暖、干燥和光照充足的环境。

15 ~ 28°C

黑法师锦

Aeonium arboretum var.
rubrolineatum

类型　冬型种
科属　景天科莲花掌属
繁殖　茎插、分株、砍头

 庭

黑法师的斑锦变异品种，叶形跟黑法师相似，叶片呈巧克力色，中间有许多斑锦。

15 ~ 28°C

红覆轮法师

Aeonium 'Mardi Gras'

类型　冬型种
科属　景天科莲花掌属
繁殖　茎插、分株、砍头

盆 庭

为园艺培育品种，由美国Renee O'Connel选育，亲本为紫羊绒Aeonium velour和"#13"（育种者编号，具体名称不祥）。艳丽的叶片呈莲座状排列，观赏价值很高，被誉为法师类品种里最漂亮的品种。

姬红花月
Crassula portulacea

别名 黄金花月
类型 冬型种
科属 景天科青锁龙属
繁殖 茎插、分株

10 ~ 25℃

原产于南非。植株多分枝，呈灌木状，株高可达1米以上，肉质茎圆柱形，粗壮，表皮灰白色或浅褐色。肉质叶肥厚多汁，匙形至倒卵形，顶端圆钝，交互对生，叶色深绿，有光泽，有些类型的叶缘呈红色。喜温暖、干燥、光照充足的环境，也耐半阴。

姬红小松
Trichodiadema bulbosum

别名 小松波
类型 春秋型种
科属 番杏科仙宝属
繁殖 分株、扦插、压条

15 ~ 30℃

原产于南非。小型亚灌木。植株灌木状，茎基部膨大成块根状。株高15～20厘米，冠幅20厘米。茎干肥厚多肉，多分枝，粗糙，黄褐色，顶端丛生纺锤形肉质小叶，淡绿色，顶端丛生细短白毛。花顶生，雏菊状。桃红色。花期夏季。

锦晃星

Echeveria pulvinata

类型 冬型种
科属 景天科石莲花属
繁殖 茎插、叶插

 盆 庭

10～25℃

原产于墨西哥。多年生小灌木状多肉植物，灰绿色卵状倒披针形肥厚肉质叶轮状互生，全缘，椭圆尖头，长3～4厘米，宽2～2.5厘米，厚约1厘米，冷凉季节阳光下，叶端及上缘呈红色。茎细棒状，密被棕褐色茸毛，易分枝群生。

龙骨柱

Euphorbia trigona

别名 彩云阁、三角霸王鞭
类型 夏型种
科属 大戟科大戟属
繁殖 茎插、分株

 庭

15～28℃

原产于纳米比亚。植株呈多分枝的灌木状，有短的主干，分枝肉质，轮生于主干周围，且全部垂直向上生长，具3～4棱，粗3～6厘米，长15～40厘米，棱缘波形，突出处有坚硬的短齿，先端具红褐色对生刺，刺长0.3～0.4厘米。喜光照充足、温暖的环境。

乒乓福娘

Cotyledon orbiculata
var. *dinteri* 'Pingpang'

类型 冬型种
科属 景天科银波锦属
繁殖 叶插、茎插、播种

10 ～ 25℃

叶片肉质对生，呈扁卵状至圆卵形，灰绿色，强光照射下叶尖变红，叶表密被白粉。茎干比达摩福娘粗一点，直立肉质不匍匐。花钟形下垂，红色或淡红黄色，圆锥花序，花期夏季。

巧克力线

Cotyledon 'Choco Line'

类型 春秋型种
科属 景天科银波锦属
繁殖 叶插、茎插、播种

10 ～ 25℃

多年生肉质小灌木，有主茎，分枝多。叶片肉质肥厚，纺锤形，互生着生于分枝上。叶表蓝粉色，叶缘紫红色，有蜡质涂层。花钟形，橙色，花期冬季。温馨提示：本植物有毒。

曲龙木
Decarya madagascariensis

类型 夏型种
科属 刺戟木科曲龙木属
繁殖 播种、嫁接

（庭）

原产于马达加斯加。落叶多刺灌木，高6～9米，雌雄异株。肉质茎呈锯齿形生长，茎外侧改变方向，外侧有两个刺。喜光照充足、温暖的环境。

沙漠玫瑰
Adenium obesum

别名 天宝花、胡姬花、富贵花
类型 夏型种
科属 夹竹桃科沙漠玫瑰属
繁殖 茎插、压条、嫁接

 （盆）

原产于塞内加尔、埃塞俄比亚、索马里和坦桑尼亚等地。株高从几厘米到2米不等，基部肥大，肉质的茎部短而粗，针形或倒卵形的叶互生在茎部分枝顶端。叶片正面深绿色，背面淡绿色而且比较粗糙，有些品种叶面上还有黄色斑纹，多分枝。

韶羞法师
Aeonium 'Blushing Beauty'

类型 冬型种
科属 景天科莲花掌属
繁殖 茎插、分株、砍头

15 ～ 28℃

为园艺培育品种，亲本为香炉盘和墨法师。是中小型品种，茎直立生长，易分枝，莲座叶盘，叶长匙形，较薄，叶前端圆形，具短尖。叶色、形态多变，绿色至紫红色，堪称千变万化。此外，该品种香气较浓。

树马齿苋
Portulacaria afra

类型 春秋型种
科属 马齿苋科马齿苋属
繁殖 扦插

15 ～ 28℃

多年生肉质灌木植物，株高一般3～4米，老茎紫褐色，嫩枝紫红色，具分枝。叶肉质对生，倒卵形，叶面绿色，有光泽，新叶叶缘有红晕。花粉红色。

铁海棠

Euphorbia milii

别名 虎刺梅
类型 夏型种
科属 大戟科大戟属
繁殖 扦插

初 盆 庭

15～28℃

茎多分枝，长60～100厘米，直径5～10毫米，具纵棱，密生硬而尖的锥状刺，常呈3～5列排列于棱脊上，呈旋转。叶互生，通常集中于嫩枝上，倒卵形或长圆状匙形，全缘。二歧状复花序，生于枝上部叶腋；总苞钟状，红色，边缘5裂，裂片琴形，上部具流苏状长毛，且内弯。

筒叶花月

Crassula obliqua 'Gollum'

别名 吸财树
类型 冬型种
科属 景天科青锁龙属
繁殖 茎插

盆 庭

10～25℃

呈多分枝灌木状，茎明显，圆形，表皮黄褐色或灰褐色。叶环生于茎，在茎或分枝顶端密集成簇生长，肉质叶呈筒状，长4～5厘米，粗0.6～0.8厘米，顶端呈斜生截形，截面通常为椭圆形，叶色鲜绿，有光泽。喜光照充足、干燥、通风的环境。

熊童子

Cotyledon ladismithiensis

类型 冬型种
科属 景天科银波锦属
繁殖 茎插、砍头、播种

盆 庭

10 ～ 25℃

原产于南非。老茎深褐色，幼枝绿色，肥厚多肉的叶片交互对生，叶卵形，长2～3厘米，宽1～1.5厘米，顶部的叶缘具缺刻。叶片嫩绿色，表面密生白色的细短茸毛。喜光照充足、凉爽通风的环境，耐干旱和半阴环境，生长能力强，易群生。

熊童子白锦

Cotyledon tomentosa 'White'

类型 冬型种
科属 景天科银波锦属
繁殖 茎插、砍头、播种

盆 庭

10 ～ 25℃

形态特征与熊童子类似，区别在于叶片上有不规则的白色斑块。

熊童子黄锦

Cotyledon tomentosa 'Yellow'

类型 冬型种
科属 景天科银波锦属
繁殖 茎插、砍头、播种

 盆 庭

形态特征与熊童子类似，区别在于叶片上有不规则的黄色斑块。

雅乐之舞

Portulacaria afra 'Variegata'

别名 斑叶马齿苋树
类型 春秋型种
科属 马齿苋科马齿苋属
繁殖 茎插、嫁接

初 盆 庭

园艺培育品种。植株具肉质茎，分枝多水平伸出，新枝红褐色，老干灰白色。肉质叶卵形，互生，新叶的边缘有红晕，随着叶片长大，红晕逐渐后缩，最后在叶缘变成一条粉红色细线，直到完全消失。叶片大部分为白色和黄色。喜阳光充足和温暖、通风较好的环境。耐干旱，忌阴湿和寒冷。

艳日辉

Aeonium decorum 'Variegata'

别名 清盛锦
类型 冬型种
科属 景天科莲花掌属
繁殖 茎插、分株

10 ~ 25℃

原产于加纳利群岛。叶呈莲座状排列，叶片为扁平卵形，新叶总体为淡黄色，中心淡绿色，老叶黄色减少。夏季几乎完全为深绿色，秋冬季节绿色减淡，斑锦会变得较为模糊，充足光线下边缘会呈现橘红色至桃红色。极易产生分株。

15 ~ 28℃

紫羊绒

Aeonium arboreum 'Velour'

类型 冬型种
科属 景天科莲花掌属
繁殖 茎插、分株、砍头

园艺培育品种。形态与黑法师相近，但叶片更加抱合，紫色更深。叶片生长在茎端和分枝顶端集成莲座叶盘，叶片倒卵形，叶缘有睫毛状纤毛，新生叶片为翠绿色，叶盘中心翠绿色，慢慢过渡为紫红色。夏季基本为深紫红色，生长季节紫色微淡。

藤本多肉

为下垂生长型，常具有飘逸的枝蔓，常应用于景墙布置、垂直绿化等。

爱之蔓锦

Ceropegia woodii 'Variegata'

类型 夏型种
科属 萝藦科吊灯花属
繁殖 茎插、分株
盆

☀ ☀ ☀ ☀ ☀　　15 ~ 28℃

分布于南非、斯威士兰、肯尼亚和津巴布韦共和国。爱之蔓的锦化品种。茎细长下垂，节间长。叶对生，心形、肉质、银灰色，花淡紫红色。喜散射光，忌强光直射。较耐旱，不喜肥，其根部有硕大的块茎，能够储存养分和水分。

薄雪万年草

Sedum hispanicum

类型 春秋型种
科属 景天科景天属
繁殖 播种、分株
初 盆

☀ ☀ ☀ ☀ ☀　　10 ~ 25℃

叶片棒状，表面覆有白粉。叶片密集生长于茎端，茎部的下部叶容易脱落。茎匍匐生长，接触地面容易生长不定根。花期夏季，花朵5瓣星形，花色白略带粉红。

长绳串葫芦

Adromischus filicaulis subsp. *marlothii*

类型 春秋型种
科属 景天科天锦章属
繁殖 扦插、分株

10 ～ 25℃

植株低矮，叶片肉质饱满，长2 ～ 4厘米，无柄，呈较长的纺锤形，叶绿色，有光泽，叶表密被微小暗白点。植株匍匐，茎上会长出气生根。

佛甲草

Sedum linera

类型 春秋型种
科属 景天科景天属
繁殖 播种、分株

10 ～ 25℃

原产于墨西哥。茎光滑，表皮具角质层。3叶轮生，叶线形，先端钝尖，基部无柄，有短距，叶表面具角质层。适应性强，耐寒、耐旱，近年来大量用于屋顶绿化。

佛珠
Senecio rowleyanus

类型 冬型种
科属 菊科千里光属
繁殖 茎插、分株、砍头、压条

原产于非洲西部至纳米比亚。球形至纺锤形的叶互生，叶面上具有透明纵纹，叶末端微尖。茎纤细，常匍匐蔓生，适合吊盆栽培，茎似珠帘垂于盘外，清风徐来，非常富有动感。

海豚弦月
Senecio peregrinus

别名 三爪上弦月
类型 春秋型种
科属 菊科千里光属
繁殖 茎插、分株

茎匍匐可下垂，叶片肉质饱满，形状三叉戟状，酷似海豚跃出水面的样子，非常可爱。叶表翠绿色，有光泽。喜水又耐阴，适合办公室栽植。

黄金万年草

Sedum acre

类型 春秋型种
科属 景天科景天属
繁殖 播种、分株

 初 盆

10 ～ 25℃

本种为薄雪万年草的黄化变种，是非常好的护盆草。生长迅速，很容易爆盆。由于生长速度快，种植时要及时修剪、换盆或分株，以保持株形的美观。喜光照充足的生长环境，生长季节应多晒太阳，叶片会变成金黄色。

锦上珠

Senecio citriformis

别名 白寿乐
类型 冬型种
科属 菊科千里光属
繁殖 茎插、分株、压条

盆

10 ～ 25℃

原产于非洲南部。生长缓慢，株形矮小，常匍匐于地表生长，茎直立，长约5～10厘米。叶片卵圆形或泪滴状，具有尾尖，表面有细纹。茎叶表面被有蜡质白粉。喜光照充足、通风良好的环境。

球兰

Hoya carnosa

类型 夏型种
科属 夹竹桃科球兰属
繁殖 茎插、压条

盆

15 ~ 28℃

多年生常绿藤本，攀缘附生于树上或石头上，茎节上有气生根。叶对生，肉质，卵圆形至卵圆状长圆形，顶端钝，基部圆形。聚伞花序伞形状，腋生，着花约30朵；花白色，花冠辐状，花冠筒短，裂片外面无毛，内面多乳头状突起。

球腺蔓

Adenia globosa

类型 冬型种
科属 西番莲科蒴莲属
繁殖 播种

15 ~ 25℃

原产于非洲的埃塞俄比亚、肯尼亚、索马里、坦桑尼亚等国。雌雄异株，有巨大的块根，表面绿色，易木质化，叶子已经退化得很小，且掉落很早，所以主要是通过绿色的粗枝条进行光合作用，枝条上有粗壮的肉质刺，也可以进行光合作用。

若绿

Crassula lycopodioides

别名 青锁龙
类型 冬型种
科属 景天科青锁龙属
繁殖 茎插

原产于南非及纳米比亚。若绿叶片很小，且大部分时间会呈现绿色，只有光照充足时顶部的叶片才会变红。若绿的分枝有的垂直向上，有的横斜匍匐，叶排列散乱。喜光照充足、凉爽、干燥的环境，耐半阴，怕水涝，忌闷热潮湿。

丸叶万年草

Sedum makinoi 'Ogon'

别名 圆叶景天
类型 春秋型种
科属 景天科景天属
繁殖 播种、分株

叶片圆形且很小，直径0.5～1厘米，绿色。茎匍匐生长，分枝多，是很好的地被植物或护盆草。花期春末，花黄色。

卧地延命草

Plectranthus prostratus

别名　绿翡翠
类型　冬型种
科属　唇形花科香菜属
繁殖　播种、分株

10 ～ 25℃

原产于热带东非地区。植株匍匐生长，易分枝，易形成不定根；叶阔卵圆形，叶面略有茸毛，叶缘波状，肥厚肉质叶互生于茎干上，茎干通常垂吊或卧地生长。通常绿色，但低温多日照的情况下叶片也会变得紫红。适应性强，耐阴，喜半日照环境。

蟹爪兰

Zygocactus truncate

类型　夏型种
科属　仙人掌科蟹爪兰属
繁殖　扦插、分株

15 ～ 28℃

植株呈附生攀缘生长，茎节扁平叶状，边缘具尖齿形，首尾相连如螃蟹爪子，故得名蟹爪兰。花被管明显弯曲，花形较长，形似兰花，花色丰富多彩，花期12月下旬至翌年2月上旬。

玉椿
Crassula barklyi

类型 冬型种
科属 景天科青锁龙属
繁殖 扦插、分株

15 ～ 28℃

原产于南非开普省北部海拔50～500米地区。植株矮小，对生叶紧密抱合形成柱状，株体倾斜至匍匐，多年生植株易从基部萌发侧芽，群生植株直径达3.5～9厘米。喜光照充足、温暖、干燥的环境。

玉缀
Sedum morganianum

类型 冬型种
科属 景天科景天属
繁殖 叶插、茎插、砍头

10 ～ 30℃

原产于美洲、亚洲、非洲热带地区。植株匍匐状，基部有分枝，叶长2～3厘米，多汁，纺锤形，紧密地重叠在一起，形似松鼠尾巴，青绿色叶片表面附有一层白粉，手摸叶面，白粉会脱落。性喜光，稍耐阴；喜温暖，不耐寒。

猿恋苇

Rhipsalis salicornioides

类型　夏型种
科属　仙人掌科丝苇属
繁殖　播种、扦插

10 ～ 30℃

叶片退化，由短截纤细的圆柱状茎构成，主茎直立，分枝匍匐或悬垂，无刺，刺座有毛。花黄色，花期春季。

紫弦月

Othonna capensis

别名　黄花新月
类型　春秋型种
科属　菊科千里光属
繁殖　茎插、分株、压条

10 ～ 25℃

原产于南非。茎纤细，常匍匐蔓生。叶肉质，呈棒状或纺锤状，叶长约3厘米。叶色翠绿，但叶片末端为紫色。喜光照充足的环境，生长季光照不足时，易徒长，株型松散。

草本多肉

　　既有横向生长型，又有纵向生长型。枝叶茂密、色彩丰富、耐干旱、耐瘠薄且花朵硕大，应用方式多样。

阿修罗

Huernia pillansii

类型 夏型种
科属 萝藦科剑龙角属
繁殖 茎插、分株

☀ ☀ ☀ ☀ ☀　　15 ～ 28℃

原产于南非开普敦省。茎柔软，一般2～5厘米，最长可达18厘米，直径1～2厘米，幼时近球形，卵形或圆柱状。叶2～8毫米，通常为红褐色。喜温暖、干燥和光照充足的环境，耐旱，忌水湿，不耐寒，无明显休眠期。

暗冰

Echeveria 'Dark Ice'

类型 冬型种
科属 景天科石莲花属
繁殖 叶插、砍头

☀ ☀ ☀ ☀ ☀　　10 ～ 25℃

中小型品种，养护不难，可从底座分枝，易群生，植株莲座状。叶卵形，肥厚，叶正面平整会略凹，叶背圆弧状突起，叶被白粉，叶色藏蓝，叶尖急尖，叶尖及叶缘易发红。

奥丽维亚
Echeveria olivia

类型 冬型种
科属 景天科石莲花属
繁殖 叶插、砍头

10 ～ 25℃

为中小型品种，易群生，植株莲座状，叶倒卵形，具短尖，叶片表面光滑，叶色翠绿，光照充足条件下叶尖易晒红，出状态后叶色可泛红甚至微橙，颇为动人。

白鸟
Mammillaria herrerae

类型 夏型种
科属 仙人掌科乳突球属
繁殖 分株、播种

15 ～ 30℃

原产于墨西哥海拔1 300～2 000米的山区。乳突球属中著名的小型种，刺短而软。茎球状，生长缓慢，初单生后群生，通体被软白刺包被。疣突圆柱形，疣腋无毛。刺座较密集，副刺100根左右，白色而细小，全部包住球体，无中刺。喜光照充足、通风良好的环境。

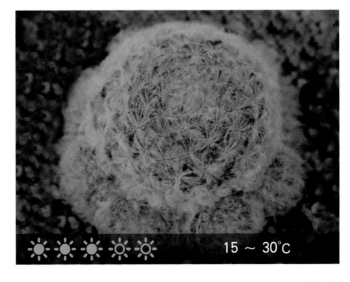

白线
Echeveria white line

类型 冬型种
科属 景天科石莲花属
繁殖 叶插、分株

叶片肥厚肉质，长匙形，略被白粉，淡蓝绿色，前端向内稍弯曲，具明显的叶尖。光照充足时，株型紧凑，叶片红紫色、粉红略带橙黄，叶片有白粉且向中心勾起。整株有果冻质感，极具观赏效果。易出侧芽，呈群生状。

白星
Mammillaria plumosa

类型 夏型种
科属 仙人掌科乳突球属
繁殖 分株、播种

原产于墨西哥北部海拔780~1 350米的山区。茎扁球形，易生侧芽，常见群生，直径5~7厘米，浅绿色，密被白色细密的羽毛状软刺；疣状突起的腋部有白色长毛；副刺40根左右，灰白色或白色，辐射状排列，有中刺但不明显。喜全日照或局部遮阴环境。

白雪姬

Tradescantia sillamontana

别名 雪绢
类型 夏型种
科属 鸭跖草科鸭跖草属
繁殖 分株、茎插

盆

原产于墨西哥干燥地区。植株丛生，茎直立或稍匍匐，高15～20厘米，短粗的肉质茎硬而直，被浓密的白色长毛。叶互生，绿色或褐绿色，稍具肉质，长卵形，叶被浓密的白毛。喜光照柔和、温暖、湿润的环境，耐半阴和干旱。

白雪女王

Echeveria 'Snow Queen'

类型 冬型种
科属 景天科石莲花属
繁殖 叶插、分株

盆

为园艺杂交种。中小型品种，株高一般10厘米，易出侧芽，呈现群生状。植株莲座状，叶片卵状、肥厚，叶尖和叶基分别渐尖，叶被白粉。出状态后叶片泛粉红至紫红，红中有白，白中有红，非常漂亮。

半球星乙女

Crassula rupestris ssp. rupestris

类型 冬型种
科属 景天科青锁龙属
繁殖 茎插

原产于南非。全株无毛，株高在原产地为20厘米，但栽培中相当低矮。从基部丛生很多分枝，茎和分枝初白色肉质状，后变褐色，下部中空。叶无柄，交互对生，正面平，背面浑圆似半球状，肉质坚硬。叶缘呈红色。喜光但也能耐半阴。

豹皮花

Stapelia pulchella

别名 国章花、小犀角花
类型 夏型种
科属 萝藦科豹皮花属
繁殖 茎插、分株

原产于南非东开普伊丽莎白港附近的沿海地区。多茎丛生，高10～20厘米。茎四棱柱形，顶部微曲，光滑无毛，棱脊上具粗短软刺，绿色，无叶。喜光照充足、温暖的环境。

苯巴蒂斯

Echeveria 'Ben Badis'

类型 冬型种
科属 景天科石莲花属
繁殖 茎插、分株

为园艺杂交种，亲本为大和锦和静夜。莲座形态紧凑周正，叶片厚实，叶片底色为偏白的淡绿色，叶背具一条鲜明的红色短龙骨，与鲜明突出的红色叶尖相连，叶面分布着极细的斑纹。

碧光环

Monilaria obconica

别名 小兔子
类型 春秋型种
科属 番杏科碧光杯属
繁殖 播种、扦插

原产于南非。叶子呈半透明富有颗粒感，非常可爱。具有枝干，易群生。生长初期叶片直立，像小兔子，但成年后叶片会耷拉下来。

层云

Melocactus amoenus

别名 玻璃球、黄金云
类型 夏型种
科属 仙人掌科花球座属
繁殖 分株、播种

☀ ☀ ☀ ☀ ☀　　15 ～ 30℃

原产于委内瑞拉、哥伦比亚、巴西等地区。植株为单生，球形或球柱形，表皮多呈蓝绿色至灰绿色。花座宽而高，由很密的白毛和红褐色刚毛组成。球体高12～16厘米，具10～13条尖厚纵向直棱，棱上具6～8枚灰白色针状周刺。喜光照充足、通风良好的环境。

大红袍

类型 冬型种
科属 景天科石莲花属
繁殖 叶插、茎插

☀ ☀ ☀ ☀ ☀　　10 ～ 25℃

植株莲座状，叶片倒卵形，略厚，叶正面较平整或略凹，叶背略圆弧状突起，叶前端钝形、急尖到具短尖，叶枯黄色，叶尖易红，植株中心叶片易泛紫红或血红。

15 ～ 30℃

丹尼尔

Echeveria 'Joan Daniel'

类型　冬型种
科属　景天科石莲花属
繁殖　叶插、砍头

为园艺培育品种，亲本为王妃锦司晃与红司。植株具短柄茎，肉质叶排列成莲座状，叶片有毛；叶缘和叶背中线易在日照时间长且具一定温差的环境下呈现鲜艳的红色，其余部分为绿色。

15 ～ 25℃

帝王波

Faucaria smithii

类型　冬型种
科属　番杏科肉黄菊属
繁殖　分株、扦插

原产于南非大卡鲁高原的石灰岩地区，植株密集丛生，肉质肥厚，喜温暖、干燥和阳光充足的环境，不耐寒，耐半阴和干旱，怕水湿和强光暴晒，夏天有轻微休眠。叶十字交互对生，基部联合，先端三角形，叶缘和叶背龙骨突表皮硬膜化，大部分叶面有肉齿，叶缘有肉质粗纤毛。

多肉植物找不同
——东云系列大比拼

东云
Echeveria agavoides Lemaire

类型 冬型种
科属 景天科石莲花属
繁殖 叶插、茎插

初 盆

10～25℃

原产于墨西哥多州。植株多分枝，丛生。叶片形状锋利。呈莲座排列，较肥厚，匙状；叶端尖锐，浅绿色至黄绿色；叶缘常现红边，光照充足、温差变大时叶尖及叶边变红。东云系品种很多，如乌木、圣诞东云、白蜡东云、象牙、魅惑之宵、天狼星、野马东云、新圣骑兵等，都是东云系品种。

冬之星座
Haworthia maxima

别名 点纹十二卷
类型 春秋型种
科属 百合科十二卷属（瓦苇属）
繁殖 叶插、分株、播种

初 盆

10～25℃

株高可达30厘米，茎较短，叶排列呈莲座状，直径可达15厘米，叶片三角状披针形，叶色棕绿、橄榄绿至墨绿色，具有圆形颗粒状突起的白色疣点。生长极为缓慢，光照越充足，叶背的圆形白色疣状突起的表现越好。

兜

Astrophytum asterias

别名　星兜、星叶球
类型　夏型种
科属　仙人掌科星球属
繁殖　分株、嫁接、播种

原产于美国南部和墨西哥北部、东北、中部地区。不易生侧芽，常见单球生长。植株呈扁圆球形，球体由5～11条浅沟而分成6～12个扁圆棱，但以8棱最常见。刺座退化，仅着生乳白色的毛状附着物。喜光照充足、干燥、温差大的环境，耐旱。

法比奥拉

Echeveria fabiola

类型　冬型种
科属　景天科石莲花属
繁殖　叶插、分株

为园艺栽培种，亲本为大和锦和静夜。继承了大和锦的株形特征，叶片肥厚，叶面有细微纹理，同时也继承了静夜易群生、叶尖叶缘易红的特点，叶色介于静夜和大和锦之间。

高砂之翁

Echeveria 'Takasagono-okina'

类型 冬型种
科属 景天科石莲花属
繁殖 叶插、分株

园艺杂交种。叶片边缘呈大波浪卷形，颜色随光照变化从蓝紫到橙红变换，是一种极具别样魅力的石莲花属种。茎部粗壮，叶片为圆形，呈莲座状密集排列，叶缘有大波浪状褶皱。

广寒宫

Echeveria cante

类型 冬型种
科属 景天科石莲花属
繁殖 茎插、分株

原产于墨西哥。叶片紧密环形排列，没有徒长的叶片棱角分明。叶面光滑有白粉，叶尖到叶心可以看到有明显的折痕，把叶片一分为二，叶缘非常薄，有点像刀口，温差大的状态下叶缘会发红，衬托叶片上的白粉，显得特别可爱。

海豹纹水泡

Adromischus cooperi
'Silver Tube'

别名 海豹
类型 冬型种
科属 景天科天锦章属
繁殖 茎插、分株

10 ～ 30℃

原产于南非。植株低矮，茎粗壮，高4～7厘米，全株无毛，光滑。叶卵圆形至圆柱形，叶片的最宽部分在叶片中心下方，并在叶基部突然变窄，有明显的叶柄，叶前端收缩变窄，扁圆或扁平，有扭曲，叶绿色，分布有紫褐色斑点。喜光照充足和凉爽、干燥的环境。

黑爪

Echeveria mexensis 'Zaragosa'

类型 冬型种
科属 景天科石莲花属
繁殖 叶插、茎插

10 ～ 25℃

原产于墨西哥新莱昂州萨拉冈萨。株型紧凑，叶片呈莲座状紧密排列，叶片扁平从中心向外弯曲。叶片整体为灰蓝色，叶尖带黑色爪刺。喜光照充足和通风干燥的环境。

黑王寿
Haworthia koelmaniorum

别名 高方十二卷
类型 春秋型种
科属 百合科十二卷属（瓦苇属）
繁殖 播种、扦插
盆

10 ～ 25°C

原产于南非。生长缓慢，最大株幅可达15厘米以上。植株无茎，肉质叶排成莲座状，紧贴地面。叶肥厚微饱满，叶片呈长三角形，内凹，叶色绿褐红至褐红色，叶片布满疣突，有红褐色直叶脉。

红宝石
Echeveria 'Pink Rubby'

类型 冬型种
科属 景天科石莲花属
繁殖 茎插、叶插、分株
初 盆

10 ～ 25°C

为景天属和石莲花属杂交的多肉植物。叶片为细长匙状，前端较肥厚、斜尖，呈莲花状紧密排列。红宝石叶片光滑，尤其在秋冬季节变成红色，非常醒目，极具观赏效果。

红边月影

Echeveria hanatsukiyo

类型 冬型种
科属 景天科石莲花属
繁殖 叶插、茎插

10 ～ 25℃

月影系的一个优良种，比较受欢迎。叶片较多，排列呈莲座状，肉质饱满，淡绿色，有薄薄的一层白霜。在充足的光照和较大的温差下，叶缘会变成粉红色。喜温暖、干燥的通风环境，喜全日照，耐旱性强，怕水湿，不耐低温。

红爪

Echeveria mexensis 'Zalagosa'

别名 野玫瑰之精、松果红瓜
类型 冬型种
科属 景天科石莲花属
繁殖 叶插、茎插

10 ～ 25℃

株型紧凑，叶片呈莲座状紧密排列，叶片扁长从中心向外弯曲。叶片整体为淡绿色，叶尖带红色爪刺。喜光照充足和通风干燥的环境。

117

厚叶龙舌兰
Agave victoriae-reginae

别名 鬼脚掌、笹之雪
类型 夏型种
科属 龙舌兰科龙舌兰属
繁殖 播种、分株

18～30℃

原产于墨西哥东北部、南部干旱低海拔地区及山谷。多年生草本植物，茎不明显。肉质叶呈莲座状排列，冠幅可达40厘米。大型植株叶片可达上百枚，叶三角锥形，先端细，腹面扁平，背面圆形微呈龙骨状突起。叶绿色，有不规则的白色线条，叶缘及叶背的龙骨突起上均有白色角质膜状物或丝状物，叶顶端黑刺长约0.3～0.5厘米。

花月夜
Echeveria pulidonis

别名 红边石莲花
类型 冬型种
科属 景天科石莲花属
繁殖 叶插、茎插

15～28℃

原产于墨西哥。拥有25枚或更多的叶片，围合呈莲座状，所以看不出明显的主茎。叶片匙形，叶面上表面平整或略凹，下表面圆形微凸，叶缘有红色细边，叶尖小且为红色。叶色为淡蓝绿色，光照充足的情况下叶边会变红，通常呈现单株的状态。

黄花照波

Bergeranthus multiceps

别名 仙女花、照波
类型 冬型种
科属 番杏科照波属
繁殖 分株

 盆

主要分布于南非和纳米比亚，少数在地中海地带。多年生肉质植物，叶片肥厚多汁，叶片细长三角柱状，前端渐尖，簇生，很容易从一株长成一丛。清雅别致，夏季开出金黄色花朵。

黄金山地玫瑰

Greenovia aureum

别名 巨柏
类型 冬型种
科属 景天科莲花掌属
繁殖 茎插、分株

盆

原产于加那利群岛。叶片互生，呈莲座状排列立成杯状或展开如花，叶片倒卵形或匙形，叶薄，顶端圆形、截形或宽楔形，细尖或微凹，叶浅绿色至黄绿色。夏季温度高时休眠，应注意控水。

黄金兔耳

Kalanchoe tomentosa
'Golden Girl'

类型 冬型种
科属 景天科伽蓝菜属
繁殖 茎插、叶插

10 ～ 25℃

为园艺栽培种。叶片金黄色，卵形似兔耳，上半部具有齿状叶缘，叶缘有褐色斑点。叶对生或近轮生方式紧密排列。适应性强，喜光照充足的环境，光照弱时易徒长，株型松散。

姬春星

Mammillaria humboldtii

类型 夏型种
科属 仙人掌科乳突球属
繁殖 分株、播种

15 ～ 30℃

原产于墨西哥海拔1 350～1 500米的山区。是春星的中小型变种。生长缓慢，易生侧芽，常见群生状，茎球质地较软。茎扁球状或球状，通体被软白刺包被。疣突短柱形，疣腋无毛。刺座较密集，副刺80根左右，白色而细小，全部包住球体，无中刺。喜光照充足、通风良好的环境。

纪之川

Crassula moonglow

类型　冬型种
科属　景天科青锁龙属
繁殖　茎插、分株

�_盆_

10 ～ 25℃

为人工培育品种，美国选育，亲本为稚儿姿和神刀。其叶表颜色和细茸毛着生状态与神刀相似。而叶的排列方式像稚儿姿，交互对生，基部联合，而且叶的大小几乎一致，因而株形就像一座绿色的方塔。喜光照充足的环境。

金手指

Mammillaria elongata

类型　夏型种
科属　仙人掌乳突球属
繁殖　扦插、分株、播种

🌿_盆_

15 ～ 30℃

原产于墨西哥北部海拔1 350～2 400米的山区。茎肉质，形似人的手指。全株布满黄色的软刺。初始单生，后易丛基部分生子球，圆球形至圆筒形，体色明绿色。具13～21个圆锥疣突的螺旋棱。金黄色或黄铜色的副刺14～25枚，黄褐色针状中刺1～2枚，易脱落。适应性强，喜光照充足、通风良好的环境。

锦司晃

Echeveria setosa

类型 冬型种
科属 景天科石莲花属
繁殖 茎插

原产于墨西哥。叶片绿色，叶尖呈红褐色，叶片表面覆盖一层白色茸毛。叶片肥厚，正面微凹陷、背面圆突，叶先端钝尖。老茎易丛生。除了夏天要注意通风和控水外，栽培较简便，喜光线充足，不宜在顶部淋水。叶插不易成活。

京鹿之子锦

Phedimus lenophyllum

类型 冬型种
科属 景天科纱罗属
繁殖 分株、茎插、叶插

是京鹿之子的白斑锦化品种。原产于墨西哥。株高5～20厘米，丛生，易分枝。叶对生，介于菱形与倒卵形之间，先端圆钝；长2～4厘米，宽2厘米；通常为灰色，叶面分布紫红色斑纹。喜光照充足、凉爽干燥的环境，怕水涝，忌闷热潮湿。

菊晃玉

Frithia humilis

类型 冬型种
科属 番杏科光玉属
繁殖 分株、播种

15 ~ 30℃

原产于南非。植株矮小，非常肉质，叶形和棒叶花属种类很相似。肉质叶6～9枚，排成松散的莲座状，灰绿色，棍棒形，先端稍粗，顶部截形，上有透明的窗。

可爱玫瑰

Echeveria 'Lovely Rose'

类型 冬型种
科属 景天科石莲花属
繁殖 茎插

10 ~ 25℃

为园艺栽培种。中小型品种，叶片倒卵形，叶前端具短尖，叶缘较薄，叶片有点下翻，呈玫瑰花瓣样，叶色略呈灰蓝色至灰白色，叶片排列状如一朵可爱的玫瑰。

克拉夫

Crassula clavata

别名　厚叶克拉夫
类型　冬型种
科属　景天科青锁龙属
繁殖　叶插、分株、播种

10 ～ 25℃

原产于南非。植株多丛生，高度约5厘米，叶片倒卵形，高度肉质，叶正面平整或略凸，叶背明显弧状突起，叶绿色，易成红色。适应性强，易养护。

宽叶弹簧草

Ornithogalum concordianum

类型　冬型种
科属　百合科虎眼万年青属
繁殖　分株、扦插、播种

10 ～ 25℃

原产于南非及纳米比亚。与细叶弹簧草有相似的卷曲，但是叶片宽大。喜凉爽、湿润和光照充足的环境，怕湿热，耐半阴，也耐干旱，有一定的耐寒性。

狂野男爵

Echeveria 'Baron Bold'

类型 冬型种
科属 景天科石莲花属
繁殖 茎插、叶插、分株

为园艺栽培种。茎部较粗壮，随着生长而逐渐长高。叶片长圆形，叶片有点波浪状，呈莲座型密集排列。植株的叶面大面积突起不规则疣突，叶色为浅绿至紫红，新叶色浅、老叶色深。充分光照情况下，叶片会变红，尤其是瘤状物。

蓝豆

Graptopetalum pachyphyllum

类型 冬型种
科属 景天科风车草属
繁殖 分株、茎插、叶插

原产于墨西哥东部。叶片颜色为淡蓝色。叶片长圆形，环状对生，叶片先端微尖，在强光与昼夜温差大或冬季低温期叶色会变为非常漂亮的蓝白色，叶尖常年轻微红褐色，弱光则叶色浅蓝，叶片变得窄且长，枝条也容易徒长。

蓝姬莲
Echeveria 'Blue Minima'

别名 若桃
类型 冬型种
科属 景天科石莲花属
繁殖 叶插、分株、砍头

10～25℃

是姬莲与蓝石莲的杂交品种。单头直径可达5～6厘米，茎粗，易群生，叶片卵形，肥厚，密集轮生成莲座状，叶蓝色，被薄粉，叶尖急尖，叶尖、叶缘、叶背和中肋易变红，出状态时植株包裹感强，颜色粉橙至粉青。

蓝鸟
Echeveria 'Blue Bird'

类型 冬型种
科属 景天科石莲花属
繁殖 叶插、播种

10～25℃

蓝鸟是由广寒宫与皮氏系石莲杂交育成。莲座状株形挺拔厚实，色泽偏淡蓝色，而叶缘呈粉红色，叶片有厚厚一层白色粉末，整体感觉洁净无瑕，特别唯美。由于蓝鸟叶面粉末较多，浇水时应避免叶面沾到水分。

蓝色惊喜

Echeveria 'Blue Surprise'

类型　冬型种
科属　景天科石莲花属
繁殖　叶插

10 ~ 25℃

原产于美国得克萨斯州的半沙漠地区。叶排列呈莲座状，肉质叶，稍被白粉涂层，宽卵形，短匙形，先端渐尖或急尖，叶片外观蓝绿或灰绿色，在温差较大、光照充足的生长环境中叶尖以及前端外缘呈粉红或紫红色，叶片蓝绿变淡。

18 ~ 30℃

雷神

Agave potatorum

别名　棱叶龙舌兰
类型　夏型种
科属　龙舌兰科龙舌兰属
繁殖　茎插、分株、压条

多年生肉质草本植物。植株无茎，叶片肉质基生，倒卵状匙形，排列呈莲座状，叶面青绿色，密被白粉，叶缘具锈红色齿。总状花序，花黄色，花期夏季，老株在开花后死亡。

琉璃殿

Haworthia limifolia

别名 旋叶鹰爪
类型 春秋型种
科属 百合科十二卷属（瓦苇属）
繁殖 分株、叶插

初 盆

10 ～ 25℃

原产于南非德兰士瓦省和莫桑比克交界处。莲座状叶盘10厘米左右，叶20枚左右，排列时向一个方向偏转似风车一般。叶卵圆状三角形，先端急尖，叶基部分重叠，向一侧旋转，形成状如转动风车的造型。叶片深绿色，正面凹背面凸，有明显的龙骨突，酷似一排排琉璃瓦。

龙城

Haworthia viscosa

别名 五重之塔
类型 春秋型种
科属 百合科十二卷属（瓦苇属）
繁殖 分株、扦插

盆

10 ～ 25℃

原产于南非。植株初呈莲座状，后成圆筒状。叶宽三角形，中间凹。褐绿色，长3～4厘米。花白色。坚硬的肉质叶三角形，排成3列向上生长，使植株呈三角形，叶片先端有尖，向下弯曲，正面下凹，背面突起，叶表深绿色，较粗糙，有细小的布纹样疣突。

罗密欧

Echeveria agavoides 'Romeo'

别名 金牛座
类型 冬型种
科属 景天科石莲花属
繁殖 叶插、分株

10 ～ 25℃

为园艺栽培种。叶片莲花座紧密排列，匙状肥厚，叶尖明显，叶尖容易泛红，光照充分时，叶片通常为血红色，有时候也会产生黑边和黑斑。光照不足的情况下叶片为淡白绿色。

绿爪

Echeveria cuspidata var. *zaragozae*

类型 冬型种
科属 景天科石莲花属
繁殖 叶插、茎插

10 ～ 25℃

原产于墨西哥新莱昂州萨拉冈萨。株型紧凑，叶片呈莲座状紧密排列，叶片扁平从中心向外弯曲。叶片整体为暗绿色，叶尖带红底黑色爪刺。喜光照充足、通风干燥的环境。

梅花鹿水泡
Adromischus antidorcatum

类型　冬型种
科属　景天科天锦章属
繁殖　茎插、分株

原产于南非。植株低矮，茎粗壮，高4～7厘米，全株无毛，光滑。叶长卵圆形，肥厚，叶前端尖，叶无柄，但基部狭窄，互生于茎干上，叶面正中有凹痕。叶绿色，分布有梅花鹿状的红褐色斑点。

墨西哥姬莲
Echeveria minima

别名　墨姬
类型　冬型种
科属　景天科石莲花属
繁殖　叶插、分株

易群生，叶片倒卵形，叶肥厚，叶尖具急尖，肉质叶紧密排列成包裹莲花状，单头可达4～5厘米，叶绿色至灰紫色。出状态后植株呈抱合状，叶青灰色，有点发紫，具通透感，叶尖红到发黑。

130

奶油碧桃

Echeveria 'Peach Pride'

别名 桃之娇、鸡蛋玉莲
类型 冬型种
科属 景天科石莲花属
繁殖 叶插、茎插、分株
盆

10 ～ 25℃

为园艺栽培种。中小型多肉，生长速度快，易木质化形成老桩，叶片倒卵形，绿色，略有白粉，叶序轮生，充足光照下叶缘泛红，叶片呈黄绿色，清丽动人。

奶油鳄梨

Echeveria 'Avocado Cream'

别名 奶油果霜
类型 冬型种
科属 景天科石莲花属
繁殖 叶插
盆

10 ～ 25℃

为园艺杂交种，茎直立，老茎木质化，植株的高度通常在10厘米的范围内。叶莲座状排列，卵形叶片肥厚饱满，先端渐尖或急尖，蓝绿色，经过阳光晒后，呈现粉、红、红紫，有时带较淡的橙黄色，非常漂亮。

柠檬卷

Echeveria 'Lemon Twist'

别名 柠檬扭、柠檬旋叶
类型 冬型种
科属 景天科石莲花属
繁殖 叶插、茎插

为园艺栽培种。中大型品种，易养护，易分枝，常群生，植株单头莲座状，叶长卵形，略薄，叶片铲状，叶缘略扭曲，叶绿色到黄色，叶前端急尖，叶尖叶缘可变红。

潘氏冰灯

Haworthia cooperi

别名 潘灯
类型 春秋型种
科属 百合科十二卷属（瓦苇属）
繁殖 分株、砍头

冰灯玉露主要分为潘氏冰灯玉露和孙氏冰灯玉露，现一般将冰灯玉露默认为潘氏冰灯玉露，即潘灯，是软叶系十二卷品种紫肌系玉露中的精品之一。因其肉质叶晶莹明亮，如同冰灯般清澈透明而得名。

茜之塔

Crassula corymbulosa

类型 冬型种
科属 景天科青锁龙属
繁殖 茎插

原产于南非。小型多肉植物，株高仅5～8厘米，植株匍匐生长，易丛生。叶无柄，叶片呈十字交互对生，叶片心形或长三角形，基部大，逐渐变小，顶端最小，接近尖形。叶色浓绿且带褐色。在光照充足的秋冬季节，叶色呈红褐或褐色，叶缘有白色角质层。

秋之霜

Echeveria 'Akinoshimo'

类型 冬型种
科属 景天科石莲花属
繁殖 叶插、分株

为园艺栽培种。茎叶肉质，株高一般不超过15厘米，叶肥厚肉质，卵形，呈放射状生长，被白粉，具不明显的短叶尖，叶片浅蓝绿至中绿，叶缘在光照充足的环境中渐变成橙红色、红色、暗红色，叶前端部分带淡黄。因叶面有白粉，浇水时需要注意别把水滴落上面。

赛米维亚

Haworthia semiviva

别名 曲水之扇、钢丝球
类型 春秋型种
科属 百合科十二卷属（瓦苇属）
繁殖 播种

10 ~ 25℃

原产于南非北部和西开普省的弗雷泽堡、萨瑟兰和威利斯顿地区。叶尖有似玉露那样的透明窗结构，并且叶片边缘有浓密略带卷曲的白色茸毛，叶片末端近1/3处常呈干枯状态。

三色堇

Echeveria pansy

类型 冬型种
科属 景天科石莲花属
繁殖 茎插

10 ~ 25℃

为园艺杂交种，老茎木质化，直立，紫红色，易群生，株形莲座状。叶肉质，卵形、长椭圆形、匙形，具短叶尖，蓝绿色，出状态的时候叶色会有多种变化，从青白色至青中泛黄、粉色，三色共存，因此叫三色堇。

沙维娜
Echeveria shaviana

别名 莎薇娜
类型 冬型种
科属 景天科石莲花属
繁殖 叶插、茎插、分株

10 ～ 25℃

原产于墨西哥。中小型品种，植株莲座状，叶片卵形至倒卵形、略薄，略褶皱扭曲，叶缘锯齿状，有明显白边，叶前端具短尖，叶粉绿色至粉蓝色。出状态时，株型包裹，叶色微粉紫或微粉红。

珊瑚珠
Sedum stahlii

类型 冬型种
科属 景天科景天属
繁殖 叶插、茎插、分株
盆

10 ～ 25℃

原产于墨西哥海拔2 100～2 450米的山区。茎细，容易徒长。叶卵形，交互对生，有细毛，绿色，在光照充足和温差大的条件下会变紫红色或红褐色，并有些光泽。

生石花
Lithops spp.

别名 石头花、屁股花
类型 冬型种
科属 番杏科生石花属
繁殖 分株、播种

初 盆

15 ～ 30℃

生石花是番杏科生石花属多肉植物的总称，原产非洲南部及西南地区，常见于岩床缝隙、石砾之中。生石花形如彩石，色彩丰富，娇小玲珑，有"有生命的石头"的美誉。

圣诞芦荟
Aloe 'Christmas Carol'

别名 圣诞歌颂
类型 夏型种
科属 百合科芦荟属
繁殖 分株、扦插、播种

盆

15 ～ 30℃

原产于马达加斯加。叶长15厘米，叶片深绿色披针形，叶面充满了活力四射的深红色疣状突起，叶片部分会比较软，但是在叶片中间和边缘都会充满了刺。花最早在秋天开放，开花的时候微粉。在光照充足的情况下叶片会变成美丽的红色。

士童

Frailea castanea

别名　星兜、星叶球
类型　夏型种
科属　仙人掌科士童属
繁殖　分株、播种

15～30℃

原产于巴西西南部至阿根廷草原地区。茎扁球形，柔软多汁，绿褐色，直径4～5厘米，8～15条棱，有黑色微小、蜘蛛状的刺座紧贴在棱上，刺向下弯曲。在光照充足时，植株变成紫红色，异常美丽。

寿

Haworthia retusa

类型　冬型种
科属　百合科十二卷属（瓦苇属）
繁殖　分株、叶插

10～25℃

原产于南非。多年生肉质草本植物，植株矮小、无茎。叶短而肥厚，螺旋状生长，呈莲座状排列，半圆柱形，顶端呈水平三角形，截面平而透明，形成特有的窗状结构，窗上有明显脉纹。

所罗门

别名 天使手指
类型 冬型种
科属 景天科厚叶草属
繁殖 叶插、茎插、砍头

10 ~ 25°C

植株莲座状，放射型，叶片指状、肥厚、圆滚，两头渐尖，叶粉蓝色，叶尖易红，出状态后植株粉嫩，微泛橙红。喜温暖、光照充足的环境。

泰迪熊兔耳

Kalanchoe tomentosa 'Teddy Bea'

类型 冬型种
科属 景天科伽蓝菜属
繁殖 茎插、叶插

10 ~ 25°C

为园艺栽培种。泰迪熊类似肥胖版的巧克力士兵，叶片短肥浑厚、锯齿状外缘，颜色为深褐、咖啡色，生长缓慢，和其他家族相比，泰迪熊喜爱更干燥、通风环境。

唐扇
Aloinopsis schooneesii

别名 仙女花、照波
类型 春秋型种
科属 番杏科菱鲛属
繁殖 播种、扦插、分株

15 ~ 25℃

原产于南非开普敦。叶片高肉质，叶表面呈细疣和纹理形。唐扇有一个强大的主根，主根会随着株龄增大逐渐升高，外形极具观赏价值。

唐印
Kalanchoe luciae

别名 银盘之舞
类型 冬型种
科属 景天科伽蓝菜属
繁殖 茎插、叶插、珠芽

10 ~ 25℃

原产于南非。茎粗壮，灰白色，多分枝，叶对生，排列紧密。叶片倒卵形，全缘，先端钝圆。叶色淡绿或黄绿，被有浓厚的白粉。喜温暖、干燥、光照充足的环境，在阳光充足、昼夜温差大时，叶缘边红。

多肉植物找不同
——桃美人 VS 桃之卵

桃蛋
Graptopetalum amethystinum

别名 桃之卵
类型 冬型种
科属 景天科风车草属
繁殖 砍头、茎插、叶插

10 ～ 25℃

原产于墨西哥。属小型多肉植物，株型紧凑，叶呈轮生状；叶片呈卵圆形叶，日照充足时，叶色呈现粉红色。叶子表面被有厚厚的粉末。喜光照充足、温暖干燥的环境。

特玉莲
Echeveria runyonii 'Topsy Turvy'

别名 特叶玉蝶
类型 冬型种
科属 景天科石莲花属
繁殖 叶插、茎插

10 ～ 25℃

原产于墨西哥。易产生分枝。叶形独特，其卷曲的叶片前端看起来像一个个爱心，且株型紧凑，极具观赏性。叶片莲座状排列，表面覆盖一层厚厚的白粉，叶基部为扭曲的匙形，两侧边缘向外弯曲，导致中间部分拱突，而叶片的先端向生长点内弯曲，叶背中央有一条明显的沟。

天使之泪
Haworthia marginata

类型 冬型种
科属 百合科十二卷属（瓦苇属）
繁殖 分株、播种

10 ~ 25℃

高档多肉植物品种之一。本种为园艺种，常被误认为瑞鹤。植株无茎，成型的植株有7～8片肉质叶，叶厚实，呈三角锥形，螺旋状排列成莲座形，深绿色，叶表有大而突起的白色瓷质疣突，叶背的疣突较叶面多，有点状、纵条状等形状。

条纹十二卷
Haworthia fasciata

别名 雉鸡尾
类型 春秋型种
科属 百合科十二卷属（瓦苇属）
繁殖 分株

10 ~ 25℃

原产于南非。株高6～25厘米，叶片三角状披针形，螺旋状排列生长于短缩茎上，叶色深绿至黑绿，叶背有白色疣状突起，排列成横条纹，与绿色的叶片底色形成鲜明的对比。

万象

Haworthia maughanii

别名 毛汉十二卷
类型 冬型种
科属 百合科十二卷属（瓦苇属）
繁殖 分株、叶插、根插、播种

10 ～ 25℃

原产于南非。肉质叶从基部斜出，排成松散的莲座状，叶片半圆筒形，顶端截形，半透明，依品种的差异，截形的叶顶端的窗具有不同的花纹。叶色深绿、灰绿或红褐，表面光滑或粗糙。

五十铃玉

Fenestraria aurantiaca

别名 橙黄棒叶花、婴儿脚趾
类型 冬型种
科属 番杏科棒叶花属
繁殖 分株、播种

15 ～ 28℃

分布于南非沿海地区及开普省、纳马夸兰和纳米比亚的吕德里茨，以开普省分布较为集中。叶片似棒状而饱满，较通透，极易群生。喜光照充足的环境，耐干旱，不耐高温高湿，不耐水湿和强光暴晒，无明显休眠期。

犀角
Stapelia gigantea

类型　夏型种
科属　萝藦科豹皮花属
繁殖　茎插、分株

15 ～ 28℃

原产于南部非洲，是一种簇状的仙人掌状植物，具有大而艳丽的星形花朵。茎直立，具4条棱，高10～30厘米，直径2～3厘米。茎从基部分枝，有齿状突起，茎淡绿色或带红色，形如犀牛角。叶片寿命很短。喜光照充足、通风良好的环境。

多肉植物找不同
——各种"钱串"的区别

小米星
Crassula rupestris 'Tom Thumb'

类型　冬型种
科属　景天科青锁龙属
繁殖　茎插

15 ～ 28℃

原产于南非。植株丛生，有细小的分枝，茎肉质，时间养久了茎会逐渐半木质化，小米星比钱串小很多，植株肉质叶灰绿至浅绿色，叶缘稍具红色，在晚秋和早春，温差大的时候红色尤为明显。叶片交互对生，卵圆状三角形，无叶柄，基部连在一起，新叶上下叠生，成叶上下有少许间隔。

小球玫瑰

Phedimus spurius
'Schorbusser Blut'

别名 龙血景天
类型 冬型种
分类 景天科费菜属
繁殖 分株、茎插、叶插

分布在格鲁吉亚（高加索地区）、伊朗北部、土耳其东北部等地。植株低矮，茎细长，常呈匍匐状，较易生新枝，形成群生株，茎叶基本同色。叶卵圆形或近似圆形，叶缘有波浪形，互生或对生，血红色或紫红色，排列组合成一朵朵仿真的"小球玫瑰"。喜温暖、干燥、光照充足的环境。

小人帽

Epithelantha bokei

别名 小人之帽
类型 夏型种
分类 仙人掌科月世界属
繁殖 分株、嫁接

原产于墨西哥北部及美国德州南部地区。生长缓慢，株高2～3厘米。通常单生而不易群生。茎圆形或短圆柱状，全株长有灰白色、细致的刺座。灰白色副刺放射状排列。有刺，短且软，呈白色，密集地贴附于球体。

星王子

Crassula perforata subsp.
perforata

类型	冬型种
科属	景天科青锁龙属
繁殖	茎插

10 ~ 25℃

原产于南非。叶无柄，对生，密集排列成4列，叶片心形或长三角形，基部大，逐渐变小，顶端最小，接近尖形。叶色浓绿，在冬季和早春的冷凉季节或阳光充足的条件下，叶呈红褐或褐色，叶缘有白色角质层。

秀妍

Echeveria sunyan

类型	冬型种
科属	景天科石莲花属
繁殖	茎插、叶插、分株

10 ~ 25℃

易分枝，群生。叶片呈倒卵匙形，叶尖钝尖呈深红色。植株整体较包裹，肉质叶排列为莲座状，内侧新生叶片排列常不规整，全株通常为粉色，光照充足时叶片呈胭脂色。

银后
Echeveria 'Silver Queen'

类型 冬型种
科属 景天科石莲花属
繁殖 叶插

为人工培育品种。中小型品种，植株莲座状，叶披针形，较厚，叶正面中间较凹，叶背圆弧状突起，叶前端渐尖，叶被粉，银灰色。光照充足出状态后，叶色会先微泛紫后泛橙。

银月
Senecio haworthii

类型 冬型种
科属 菊科千里光属
繁殖 叶插、分株、砍头

原产于南非、纳米比亚。植株较高，肉质叶互生，排列成松散的莲座状，叶片呈纺锤状，两头尖，中间粗；叶片灰绿色，表面被白色丝状茸毛。容易群生，在根部生长出小侧芽。喜凉爽、干燥和光照充足的环境。

10 ~ 25℃

玉扇
Haworthia truncata

别名　截形十二卷
类型　冬型种
分类　百合科十二卷属（瓦苇属）
繁殖　分株、叶插、根插

初　盆

原产于南非。植株低矮无茎，叶片肉质直立，往两侧直向伸长，稍向内弯，对生，排列于两方，呈扇形，顶部略凹陷，呈截面状。淡蓝灰色的长圆形叶片排列成两列，直立稍向内弯，顶部是稍凹陷的褐绿色截面。

15 ~ 30℃

圆叶虎尾兰
Sansevieria cylindrica

别名　棒叶虎尾兰、筒叶虎尾兰
类型　夏型种
科属　龙舌兰科虎尾兰属
繁殖　扦插、分株

初　盆

原产于非洲西部。茎短或无，肉质叶呈细圆棒状，顶端尖细，质硬，直立生长，有时稍弯曲，叶长80～100厘米，直径3厘米，表面暗绿色，有横向的灰绿色虎纹斑。

月光女神

Echeveria 'Moon Goddess'

类型 冬型种
分类 景天科石莲花属
繁殖 叶插、播种

为园艺栽培种，亲本为花月夜和静夜。叶片扁圆状，叶缘较薄，具红边，且质感通透。喜光照充足、温暖、干燥的环境，耐干旱。春秋季为生长旺季，盛夏高温时需放于通风阴凉处，减少浇水量，其他时节均可全日照管理。

蛛丝卷绢

Sempervivum arachnoideum
subsp. *tomentosum*

类型 冬型种
科属 景天科长生草属
繁殖 分株、播种

主要分布于欧洲西南部。叶片环生，扁平细长，叶尖有白色的丝。栽培时间久了，叶尖的丝会相互缠绕，形成非常漂亮的形状，看起来就像织满了蛛丝的网。喜凉爽、通风好的环境，散射光最佳，也可以耐半阴。

紫丽丸

Sulcorebutia rauschii

类型 夏型种
科属 仙人掌科有沟宝山属
繁殖 分株、播种

15 ～ 30℃

原产于玻利维亚。易生侧芽，成群体状生长。茎球状，无中刺。生长季可以中度浇水，休眠季严禁浇水。喜光照充足、通风良好的环境。

自由女神

Crassula rupestris

类型 冬型种
分类 景天科青锁龙属
繁殖 茎插

10 ～ 25℃

原产于南非。是青锁龙属新品种。茎直立，易群生，叶片长三角形，交互对生，呈"十"字形星状，上下叶子间排列紧密。叶灰蓝色，叶缘可呈明显的艳红色，对比强烈。春、秋、冬季可给予充分光照或露养，可充分浇水，忌长期淋雨。

常见问题 Q&A

Q 如何给多肉浇水？

A 浇水方法要根据多肉的类型、生长状态、气候、土壤等因素来决定。一般多肉盆栽的浇水原则是"不干不浇，浇则浇足"（除幼苗外）。生长旺盛期多浇，休眠期不浇或少浇；小盆要经常浇，大盆浇水次数要少；叶大而多者多浇，茎和茎干膨大者少浇；生长旺盛者多浇，根系弱、生长不良者应少浇；晴天多浇，阴雨天少浇或不浇；沙质土栽培的多肉要多浇，而土质较黏重者少浇。

Q 如何给多肉施肥？

A 合理施肥，就是施肥要适时、适量，肥料种类和浓度使用得当。要确定多肉属于哪种类型，再依据不同类型确定施肥时间。通常施肥要选择在多肉的生长旺盛期，不能在休眠期。每次施肥量按液体计可与每次的浇水量相当。施肥前盆土应基本干燥。先松土再施肥，效果更好。肥料种类应视植株种类和生长阶段不同而选择，一般幼苗期以氮肥为主，花芽分化期和开花结果期以磷钾肥为主。春季和越冬前可施氮肥。施肥浓度要尽量淡一些，宁可多施几次，也不要冒险施以浓肥。

Q 多肉如何变色？

A 大部分多肉会变色，是否发生变色以及变色情况主要受光照和温度的影响。光照充足时，叶色会变得鲜艳；而长期不晒阳光，叶色就会暗淡。此外，秋季温差较大，多肉也会变色，而长期处于室内的多肉，温度相对稳定，因此不容易变色。如果想让你的多肉颜色出众，应该适当增加光照，保持通风。

Q 多肉徒长怎么办？

A 多肉放家里养，个子越来越高，叶子越来越长，这是为什么呢？原来多肉徒长了。室内光照不足，多肉为了更好地进行光合作用，只好让自己不断长高，便于吸收阳光。这时只要让多肉接受阳光直射，多肉的徒长就会被抑制。同时，多肉徒长茎也会慢慢变弯，然后生出侧枝，养上几年之后，就能变成老桩了。也可以给多肉砍头，晾干伤口之后进行扦插。

Q 多肉掉叶怎么办？

A 多肉掉叶的情况分为以下几种：

1. **突发性掉叶**。土壤潮湿，排水性差，造成多肉根系缺氧，于是产生脱落酸等有害物质，导致叶片掉落。此时应适当控水，放在通风处，在盆面铺火山石以提高土壤透气性和排水性。

2. **极限环境下掉叶**。长期处在极冷或极热的环境中，如夏天长期在阳光下暴晒、冬天长期处在严寒中，都会导致叶片掉落。气温急剧上升或下降、突然降雨、突然又阳光强烈也会发生类似情况。

3. **感染病害**。多肉叶片越掉越多，甚至整株枯死。这种情况是多肉感染黑斑病、黑腐病等病害所致。应及时喷洒药液，防治病害。

Q 多肉烂根怎么办？

A 因栽培场所的环境条件不佳，通风不良，光照不足，温度变化较大，腐烂病的病原菌很容易入侵多肉，并大面积蔓延。因此，为防止腐烂病多发，首先要改善栽培环境，减少发病条件；其次要加强栽培管理，栽培基质中不要混用未腐熟的有机肥，所施肥料宁淡勿浓。多肉烂根只有一个方法，换新盆。将多肉的根系洗净并吹干，如根系没有变色，须根的根毛尚完好，可再上盆放半阴处观察一段时间；部分根系腐烂，需切除，晾干伤口后再上盆；根系全部腐烂，则全部剪掉，晾干伤口后再扦插发根。常用的杀菌剂有代森锌（浓度为 $0.15\% \sim 0.35\%$ ）、多菌灵等。

Q 如何让"砍头"的多肉快速生根？

A 首先，要选择健壮的多肉进行砍头和扦插，提高其成活率。其次，选择适合扦插的沙土作为基质，根据多肉的类型确定扦插适宜时间，再进行扦插。第三，生根期的管理也非常重要，主要包括温度、水分、空气湿度、通风和光照等几个方面。温度应尽可能保持在生根最适温度范围内，可以用通风、遮阴或加温的手段调节。扦插基质要保持适度潮润，不能太干太湿。基质内尽可能保持足够的氧气，所以定期通风是很有必要的。在插穗少而盆器大的情况下，插穗尽量往盆边插，盆边透气性好，有利生根。光照应比一般多肉减半，随着根的形成、生长，光照可逐步增加。此外，对一些难以生根的插穗，在伤口干燥后用200毫升/升的萘乙酸溶液浸泡，以促进生根。

此外，要注意插穗的晾晒时间与水分管理。将砍下的多肉反过来晾干，一般软质多肉植物晾1周左右，硬质多肉植物晾两三天即可。准备稍湿润的沙土，将插穗放在沙土上。等待生根的多肉只要喷雾即可，可根据具体的天气情况调节喷雾量，如梅雨季可不喷雾，而空气较干燥的环境则加喷一次。一般来说，软质多肉植物每周喷雾一次，硬质多肉植物两三天喷一次。

Q 如何区分药锦和自然锦？

A 药锦的特征：1.从中心往外锦化。2.从新叶处开始锦化，周围的老叶上锦慢，所以在市场上总是看到中间是白色或粉红色，周围是绿色或其他颜色的多肉锦。3.药锦的叶子和茎秆上会有一条很清晰的分界线，通常在叶片的叶尖处还保留着多肉的本色。4.只有侧芽具有特殊的颜色，也就是阴阳锦。虽然好看，但是买回家养不了多久，这个侧芽就会死掉。

自然锦的特征：1.自然锦一般是整株褪色、一部分叶子全部褪色，但是不可能出现一片叶子全部褪色的情况。2.自然锦可能出现竖状花纹并且基本上每片叶子的花纹是差不多的。3.自然锦的性状可以延续，取一片叶子进行扦插繁殖，插穗成活后也是有锦的，但是药锦不会遗传。

多肉名录

A

阿修罗 *Huernia pillansii*

爱染锦 *Aeonium domesticum* 'Variegata'

爱之蔓锦 *Ceropegia woodii* 'Variegata'

暗冰 *Echeveria* 'Dark Ice'

奥丽维亚 *Echeveria olivia*

B

白桦麒麟 *Euphorbia mammillaris* 'Variegata'

白马城 *Pachypodium saundersii*

白鸟 *Mammillaria herrerae*

白线 *Echeveria white line*

白星 *Mammillaria plumosa*

白雪姬 *Tradescantia sillamontana*

白雪女王 *Echeveria* 'Snow Queen'

半球星乙女 *Crassula rupestris* ssp. *rupestris*

秘鲁天轮柱 *Ceres peruvianus*

薄雪万年青 *Sedum hispanicum*

豹皮花 *Stapelia pulchella*

贝信麒麟 *Euphorbia poissonii*

苯巴蒂斯 *Echeveria* 'Ben Badis'

碧光环 *Monilaria obconica*

C

层云 *Melocactus amoenus*

长绳串葫芦 *Adromischus filicaulis* subsp. *marlothii*

吹雪柱 *Cleistocactus strausii*

春萌 *Sedum* 'Alice Evans'

D

达摩福娘 *Cotyledon* 'Pendens'

大红袍

丹尼尔 *Echeveria* 'Joan Daniel'

帝王波 *Faucaria smithii*

蒂亚 × *Sedeveria* 'Letizia'

东云 *Echeveria agavoides* Lemaire

冬之星座 *Haworthia maxima*

兜 *Astrophytum asterias*

F

法比奥拉 *Echeveria fabiola*

飞龙 *Euphorbia stellata*

非洲霸王树 *Pachypodium lamerei*

佛甲草 *Sedum linera*

佛珠 *Senecio rowleyanus*

福娘 *Cotyledon orbiculata* var. *dinteri*

G

高砂之翁 *Echeveria* 'Takasagono-okina'

格瑞内 *Dudleya greenei*

广寒宫 *Echeveria cante*

龟纹木棉 *Pseudobombax ellipticum*

H

海豹纹水泡 *Adromischus Cooperi* 'Silver Tube'

海豚弦月 *Senecio peregrinus*

黑法师 *Aeonium arboreum* 'Atropurpureum'

黑法师锦 *Aeonium arboretum* var. *rubrolineatum*

黑王寿 *Haworthia koelmaniorum*

黑爪 *Echeveria mexensis* 'Zaragosa'

红宝石 *Echeveria* 'Pink Rubby'

红边月影 *Echeveria hanatsukiyo*

红覆轮法师 *Aeonium* 'Mardi Gras'

红爪 *Echeveria mexensis* 'Zalagosa'

厚叶龙舌兰 *Agave victoriae-reginae*

花月夜 *Echeveria pulidonis*

黄花照波 *Bergeranthus multiceps*

黄金山地玫瑰 *Greenovia aureum*

黄金兔耳 *Kalanchoe tomentosa* 'Golden Girl'

黄金万地草 *Sedum acre*

惠比须笑 *Pachypodium brevicaule*

J

姬春星 *Mammillaria humboldtii*

姬红花月 *Crassula portulacea*

姬红小松 *Trichodiadema bulbosum*

纪之川 *Crassula moonglow*

金手指 *Mammillaria elongata*

锦晃星 *Echeveria pulvinata*

锦上珠 *Senecio citriformis*

锦司晃 *Echeveria setosa*

京鹿之子锦 *Phedimus lenophyllum*

酒瓶兰 *Beaucarnea recurvata*

菊晃玉 *Frithia humilis*

K

可爱玫瑰 *Echeveria* 'Lovely Rose'

克拉夫 *Crassula clavata*

宽叶弹簧草 *Ornithogalum concordianum*

狂野男爵 *Echeveria* 'Baron Bold'

图书在版编目（CIP）数据

多肉初学者手册/吴晓云，程建军，王鹏著．—2
版．—北京：中国农业出版社，2021.1
（扫码看视频．种花新手系列）
ISBN 978-7-109-26918-7

Ⅰ.①多… Ⅱ.①吴…②程…③王… Ⅲ.①多浆植
物-观赏园艺-手册 Ⅳ.①S682.33-62

中国版本图书馆CIP数据核字（2020）第096229号

DUOROU CHUXUEZHE SHOUCE

中国农业出版社出版
地址：北京市朝阳区麦子店街18号楼
邮编：100125
责任编辑：国　圆　郭晨茜　孟令洋
版式设计：郭晨茜　　责任校对：吴丽婷
印刷：北京中科印刷有限公司
版次：2021年1月第2版
印次：2021年1月北京第1次印刷
发行：新华书店北京发行所
开本：700mm×1000mm　1/16
印张：9.75
字数：250千字
定价：59.00元